Wolfgang F. Schuster

Im Schatten der Schöpfung

Künstliche Intelligenz, Macht und die existenzielle Krise menschlicher Evolution

Umschlaggestaltung: Buchschmiede
Lektorat/Korrektorat: Anne Reinbacher-Haber
Satz & Layout: Anne Reinbacher-Haber
Druck und Vertrieb im Auftrag des Autors: Buchschmiede von Dataform Media GmbH,
Julius-Raab-Straße 8, 2203 Großebersdorf, Österreich
www.buchschmiede.at – Folge deinem Buchgefühl!
Kontaktadresse nach EU-Produktsicherheitsverordnung:
info@buchschmiede.at
ISBN:
978-3-99192-487-6 (Paperback)
978-3-99192-482-1 (Hardcover)

Prolog

Unsere gegenwärtige Gesellschaft zeichnet sich durch ein hochgradig selbstzerstörerisches Verhalten aus, manifestiert in Phänomenen wie der Klimakrise, der grenzenlosen Ausbeutung natürlicher Ressourcen und einer zunehmend toxischen Kultur des Wettbewerbs und der Entfremdung. Hierbei folgen wir unhinterfragt einem Narrativ des endlosen Wachstums, obwohl uns längst bewusst geworden sein sollte, dass dieses Streben auf Dauer nicht tragbar ist. Was wir als Normalität akzeptieren, ist oft ein absurdes Theaterstück, dessen Regeln von Ideologien diktiert werden, die sich längst selbst ad absurdum geführt haben.

Aus philosophischer Perspektive erinnert uns die Position des Wahnsinns an Michel Foucaults Analyse in "Wahnsinn und Gesellschaft", wonach das, was wir als Wahnsinn definieren, stets in Relation zur jeweiligen gesellschaftlichen Ordnung steht. Demnach könnte man behaupten, dass derjenige, der sich in Opposition zu einer krankmachenden sozialen Ordnung befindet, notwendigerweise als wahnsinnig wahrgenommen wird. Dies wiederum wirft die Frage auf, ob Wahnsinn nicht tatsächlich eine authentische und notwendige Rebellion gegen gesellschaftliche Strukturen sein könnte, die in ihrer Blindheit für ökologische, soziale und ethische Grenzen tatsächlich selbst den Kern einer umfassenden kollektiven Pathologie bilden.

In einer Zeit, in der sich die Menschheit in atemloser Geschwindigkeit auf eine ungewisse Zukunft zubewegt, geprägt von technologischen Revolutionen, ökonomischen und ökologischen Krisen, erscheint der Begriff des Wahnsinns als paradoxe Rettungsleine, als notwendiger Gegenentwurf zu einer Gesellschaft, die unermüdlich und blind in den eigenen Abgrund steuert. Der Begriff des Wahnsinns ist nicht lediglich als pathologische Störung, sondern vielmehr als eine rationale, gar gesunde Reaktion auf eine pathologisch gewordene Welt zu betrachten.

In der Psychologie und Psychoanalyse wird Wahnsinn häufig als Verlust des Realitätsbezugs beschrieben. Doch ist nicht gerade jene Realität, von der sich der vermeintlich Wahnsinnige entfernt, inzwischen zu einer grotesken Karikatur menschlicher Werte geworden? Wenn unsere sogenannte Realität darin besteht, systematisch unsere Lebensgrundlagen zu zerstören und menschliche Beziehungen durch Oberflächlichkeit und Konsumismus zu ersetzen, könnte der Rückzug oder die Revolte dagegen nicht vielleicht sogar eine gesündere Reaktion sein als die passive Akzeptanz dieser Zustände?

Der Wahnsinnige, der sich weigert, diese Realität zu akzeptieren, könnte in Wahrheit ein visionärer Kritiker sein, dessen psychologische Unangepasstheit Ausdruck eines tieferen Verständnisses und einer tieferen Empfindsamkeit gegenüber der Zerstörung der menschlichen und natürlichen Welt ist. Das scheinbar "Irre" wird zur bewussten oder unbewussten Rebellion gegen das normative Diktat einer Gesellschaft, die ihren eigenen moralischen Kompass verloren hat.

Aus einer soziologischen Perspektive betrachtet offenbart der Wahnsinnige das verdrängte kollektive Bewusstsein, welches die Gesellschaft dringend benötigt, um sich von ihrer destruktiven Bahn abzuwenden. Der Akt des Wahnsinns stellt eine performative Manifestation dar, die auf radikale Weise an unsere kollektive Verantwortung und an die Notwendigkeit einer umfassenden kulturellen Transformation appelliert.

So könnte der Wahnsinn, in seiner tiefgründigsten und poetischsten Form betrachtet, tatsächlich eine gesunde, notwendige und letztlich heilsame Reaktion auf eine krankhafte, entfremdete Welt sein. Eine Welt, die dringend aufgerufen ist, sich neu zu erfinden, um ihrer selbstzerstörerischen Dynamik Einhalt zu gebieten und Raum für ein wahrhaft nachhaltiges, erfülltes und menschliches Leben zu schaffen.

Einleitung

Der Mensch im Schatten seiner Schöpfung – Ausgangspunkt einer evolutionären Neubestimmung

Die Menschheit steht am Beginn einer Ära, die ihre Existenzgrundlagen sowohl technologisch als auch erkenntnistheoretisch infrage stellt. Der Status Quo ist geprägt von einer paradoxen Gleichzeitigkeit: Noch nie zuvor verfügten wir über so viel Wissen, so viel Rechenleistung und so viele Mittel zur Veränderung der Welt. Und doch erleben wir eine Zuspitzung globaler Krisen, deren gemeinsamer Nenner der Mensch selbst ist – als Verursacher, Verstärker und zugleich Betroffener.

Das Anthropozän, unser geologisches Jetzt, dokumentiert die Überformung planetarer Systeme durch menschliche Aktivität. Ökologische Kipppunkte, technologische Beschleunigung, soziale und wirtschaftliche Instabilität und das Schwinden kollektiver Visionen deuten auf einen zivilisatorischen Wendepunkt hin. Die Menschheit agiert in einem Spannungsfeld zwischen schöpferischer Allmacht und struktureller Ohnmacht, zwischen kybernetischer Kontrolle und kulturellem Kontrollverlust. In dieser Konstellation entfaltet sich die Notwendigkeit einer ethischen Revision des Fortschrittsbegriffs –

ein Fortschritt, der nicht auf Wachstum, sondern auf Weisheit gründet.

Die Künstliche Intelligenz (KI) ragt wie ein evolutionäres Werkzeug aus der Gegenwart in die Zukunft hinein. Doch ihr Einsatz geschieht bislang überwiegend unter den Bedingungen eines Wirtschaftsmodells, das auf Verwertung statt Verwandlung, auf Effizienz statt Empathie ausgelegt ist. Künstliche Intelligenz ist gegenwärtig kein kollektiver Kompass, sondern ein selektives Machtinstrument – optimiert für Märkte, nicht für Menschlichkeit. Der fehlende normative Rahmen lässt Künstliche Intelligenz zum Spiegel gesellschaftlicher Asymmetrien werden, statt zur Instanz der Integration.

Gleichzeitig offenbart sich ein tiefer Mangel an zukunftsfähiger Bildung, kultureller Narration und politischer Steuerungskraft. Die Generationen, die mit digitaler Selbstverständlichkeit aufwachsen, erben nicht nur planetare Herausforderungen, sondern auch epistemologische Orientierungslosigkeit. Es mangelt an holistischen Lernformen, die junge Menschen auf eine Welt vorbereiten, in der maschinelles Lernen, neuronale Netzwerke und algorithmische Ethik neue Grundparameter menschlicher Existenz setzen. Bildung, Macht und Verantwortung klaffen auseinander.

Inmitten dieser Lage fragt „Homo Deus 2.0“ nach einer evolutionären Alternative. Nicht als utopischer Entwurf, sondern als konkret operationalisierbarer Möglichkeitsraum. Zehn Zukunftsansätze, die sich in dieser Schrift entfalten, sind Reaktionen auf einen Status Quo, der keine Selbstverständlichkeit mehr ist. Sie begreifen Künstliche Intelligenz nicht als isolierte Technologie, sondern als Mitgestalterin eines neuen, symbiotischen Weltverhältnisses. Sie fordern einen Paradigmenwechsel – von einer extraktiven zu einer regenerativen Zivilisation, von technokratischer Steuerung hin zu einem evolutionären Miteinander von Mensch, Maschine und Planet.

„Menschsein im Anthropozän: Verantwortung übernehmen für eine Welt im Wandel"

Der aktuelle Zustand der Menschheit ist geprägt durch das Zeitalter des Anthropozäns – eine geochronologische Epoche, in der der Mensch zum dominanten Einflussfaktor auf geologische, ökologische und ökonomische Prozesse geworden ist. Die rasant zunehmenden Treibhausgasemissionen, das Artensterben im sechsten Massenaussterben der Erdgeschichte, die Übernutzung natürlicher Ressourcen und das massive Eingreifen in genetische und biologische Systeme markieren eine fundamentale planetare Disbalance. Diese Zustände schaffen die Notwendigkeit für Systeminnovation – technologisch, kulturell, ethisch.

Kernproblematik: Der Mensch besitzt die Macht zur umfassenden Veränderung planetarer Systeme, jedoch fehlt es an Weisheit, Verantwortung und langfristiger Perspektive. Daraus entsteht der Katalysator für die zehn KI-basierten Zukunftsansätze.

Technologische Hybris versus evolutionäre Verantwortung

Obwohl KI, Automatisierung und datengetriebene Systeme exponentiell wachsen, bleibt ihr Einsatz oft ökonomisch motiviert und anthropozentrisch begrenzt. Der technologische Fortschritt hat weder zur nachhaltigen Nutzung von Ressourcen noch zur gerechteren Verteilung von Wohlstand geführt. Vielmehr beschleunigt sich die soziale Fragmentierung – Algorithmen verstärken Vorurteile, begünstigen kapitalistische Überakkumulation und verschärfen das Machtgefälle zwischen Dateneliten und entmachteter Allgemeinheit.

<u>Kernproblem:</u> KI wird nicht als integraler Bestandteil evolutionärer Ethik gesehen, sondern primär als Werkzeug ökonomischer Effizienz, was einer zivilisatorischen Sackgasse gleichkommt.

Bildungskrise und kognitive Entkopplung

Das aktuelle Bildungssystem basiert vielfach noch auf linearen, faktenbasierten Lehrmodellen, die der Komplexität postdigitaler Lebenswirklichkeit nicht gerecht werden. Kritisches Denken, systemisches Verstehen und ethisch reflektiertes Handeln – zentrale Fähigkeiten im 21. Jahrhundert – bleiben randständig. Gleichzeitig entfremden sich junge Generationen durch digitale Übersättigung, fragmentierte Aufmerksamkeitsökonomie und algorithmisch kuratierte Lebenswirklichkeit zunehmend von ganzheitlichem Lernen.

<u>Kernversäumnis:</u> Bildung bereitet nicht auf planetare Mitverantwortung oder transhumanistische Entwicklungen vor, sondern zementiert ein veraltetes Leistungsparadigma.

Demokratische Erosion im Schatten datengetriebener Machtstrukturen

Demokratien stehen unter Druck: Populismus, politische Polarisierung und eine zunehmende algorithmische Manipulierbarkeit des öffentlichen Diskurses führen zur Erosion von Vertrauen in Institutionen. Tech-Giganten besitzen faktisch mehr Informationen über Bürgerinnen und Bürger als Staaten, in denen sie leben, selbst. Die Blackbox-Charakteristik vieler KI-Systeme verhindert gesellschaftliche Kontrolle, während Entscheidungsprozesse entpersonalisiert und externalisiert werden.

Kritisches Defizit: Es fehlt eine gesamtgesellschaftlich legitimierte, transparente Kontrollstruktur für KI-Entscheidungen und deren ethische Rahmung.

Wirtschaftssysteme in ökologischer und sozialer Krise

Der gegenwärtige Kapitalismus basiert weiterhin auf linearem Wachstum, Ressourcenextraktion und kurzfristiger Gewinnmaximierung. Trotz ESG-Initiativen (Environmental, Social and Governance) bleibt das grundlegende Prinzip der Ausbeutung bestehen. Die Externalisierung ökologischer Schäden, die algorithmisch gesteuerte Konsumkultur und die ideologische Fixierung auf Wettbewerb verhindern den Wandel zu regenerativen Wirtschaftsformen.

Befund: KI wird zur Effizienzsteigerung in ein destruktives Wirtschaftssystem eingespeist, statt als Motor einer postkapitalistischen Kooperationsökonomie eingesetzt zu werden.

Ethik als Randnotiz im Innovationsdiskurs

Ethische Leitlinien und Regularien im Umgang mit KI sind fragmentiert, unverbindlich oder werden von privatwirtschaftlichen Akteuren selbst bestimmt („Ethik-Washing“). Normative Orientierung fehlt auf globaler Ebene, obwohl KI längst grenzüberschreitend wirkt. Zugleich erschweren kulturelle Unterschiede, geopolitische Machtinteressen und wirtschaftliche Rivalität die Etablierung eines universalen Wertefundaments.

Risiko: Ohne normative Verankerung wird KI nicht zur evolutionären Chance, sondern zur Destabilisierungskraft.

Fragmentierung statt kollektives Gedächtnis

Die Menschheit generiert täglich Milliarden Datensätze, jedoch fehlt ein systematisches, vernetztes kollektives Evolutionsgedächtnis. Wissen bleibt isoliert in disziplinären Silos, proprietären Datenbanken und wirtschaftlich abgeschotteten Plattformen. Die Zersplitterung der Erkenntnis verhindert tiefere, systemische Einsicht in komplexe Zusammenhänge wie Klima, Migration, Gesundheit oder soziale Ungleichheit.

Symptom: Wir sind informierter denn je, verstehen aber immer weniger – es fehlt das integrierte, evolutionäre Wissensmodell.

Nachhaltigkeit als rhetorisches, nicht strukturelles Paradigma

Obwohl Nachhaltigkeit auf politischer, wirtschaftlicher und gesellschaftlicher Ebene als Ziel propagiert wird, fehlen strukturverändernde Maßnahmen. CO_2-Kompensation, Greenwashing und inkohärente Transformationsstrategien verdecken die Tatsache, dass die systemische Logik auf Dauerzerstörung basiert. Technologische Lösungen werden zwar diskutiert, aber nicht auf systemischer Ebene implementiert.

Konflikt: Die Nachhaltigkeitskrise ist nicht einem Mangel an Technik geschuldet, sondern dem fehlenden Willen zur Transformation.

Kulturelle Selbstvergessenheit im postmodernen Weltbild

Kollektive Narrative, die einst Identität stifteten – sei es Religion, Humanismus oder Aufklärung – sind in der Postmoderne pluralisiert und relativiert worden. Doch ohne kulturelle Fundamente bleibt das kollektive Handeln fragmentiert, identitätslos und impulsiv. KI findet keinen sinnstiftenden Rahmen, weil das „Wofür“ und das „Warum“ im gesellschaftlichen Diskurs zunehmend marginalisiert werden.

Problem: Ohne kulturelles Koordinatensystem kann KI kein moralischer Kompass, sondern nur Werkzeug von Interessen sein.

Die existenzielle Krise menschlicher Evolution

Wir befinden uns nicht nur in einer technischen Transformation, sondern in einer anthropologischen Übergangsphase – von Homo Sapiens zu Homo Deus. Doch diese Mutation erfolgt ohne ausreichende Reflexion über die Konsequenzen. Es fehlt an Narrativen der Verantwortung, der Mitgestaltung und des Mitgefühls. Ohne aktiven Paradigmenwechsel droht eine evolutionäre Fehlentwicklung, in der der Mensch zwar göttliche Macht erreicht, aber seine Seele verliert.

Kernfrage: Werden wir unsere technologische Allmacht mit moralischer Reife verbinden – oder verlieren wir beides?

Kapitel 1

10 Ansätze einer kritischen Betrachtung des anthropogenen Einflusses auf zukünftige Entwicklungen unserer Gesellschaft unter besonderer Berücksichtigung der Potenziale Künstlicher Intelligenz

In den letzten Jahrhunderten hat der Mensch eine bemerkenswerte Entwicklung durchlaufen, die ihn zu einem der mächtigsten Akteure auf diesem Planeten gemacht hat. Doch je größer die Macht, desto größer die Verantwortung. Der Mensch steht vor der Herausforderung, mit seiner enormen Macht die Erde und ihre Ökosysteme zu verändern, ohne die notwendige Weisheit und das Verständnis für die langfristigen Folgen seines Handelns zu besitzen. In diesem Kontext stellt sich die Frage, ob der Mensch wirklich das intelligenteste Lebewesen ist, das die Evolution hervorgebracht hat, oder ob er lediglich der letzte Versuch des Lebens ist, die unendlichen Möglichkeiten auszutesten.

Es gibt eine kritische Perspektive, die behauptet, dass der Mensch ein gescheiter Versuch im endlosen Spiel der Evolution ist, der jedoch keine langfristige Überlebensfähigkeit hat. Aus der Perspektive der Schöpfung oder Evolution könnte es sein, dass längst ein anderer Zweig am Baum des Lebens den Fortgang der Zukunft übernommen hat, und der Mensch lediglich ein temporärer, fehlerhafter Versuch ist, der durch seine eigene Intelligenz und die daraus resultierende Macht in die Irre geführt wird.

Die Evolution ist ein langsamer, aber stetiger Prozess, der sich über Millionen von Jahren erstreckt. Doch die Menschheit hat diesen natürlichen Prozess mit der Erfindung von Technologie und Wissenschaft außer Kraft gesetzt. Besonders die Entdeckung der Atomkraft und die Möglichkeit, genetische Codes zu manipulieren, haben es dem Menschen ermöglicht, die Welt in einer Weise zu verändern, die den langsamen Verlauf der Evolution in Frage stellt. Die Beschleunigung der Veränderung durch menschliche Aktivität stellt jedoch auch eine immense Gefahr dar, da die evolutionären Mühlen keine Zeit haben, sich anzupassen.

Ein entscheidender Punkt dabei ist, dass Intelligenz allein nicht ausreichend ist, um in diesem Prozess zu überleben. Intelligenz muss im Verhältnis zur Macht eingesetzt werden. Die Beherrschung von Natur und Umwelt könnte quantitativ als das Verhältnis zwischen Einsicht und Macht bestimmt werden. Doch dieser kritische Punkt, an dem Einsicht und Macht in einem gesunden Verhältnis zueinanderstehen, scheint bereits überschritten. Der Mensch hat die Natur in einer Weise manipuliert, dass er nun in einem gefährlichen Zustand der Übermacht ist, ohne die Weisheit zu besitzen, diese Macht verantwortungsbewusst zu nutzen.

Die Frage, die sich hier stellt, ist, welche Form der Intelligenz nötig ist, um den fortschreitenden Wandel der Welt in Harmonie mit den langsamen, aber entscheidenden Prozessen der Evolution zu halten. Könnte es eine Art von Intelligenz geben, die es dem Menschen ermöglicht, das rasante Tempo seiner eigenen Entwicklungen mit den natürlichen Mühlen der Evolution in Einklang zu bringen?

Ein möglicher Weg, dies zu erreichen, wäre, auf die immense Erfahrung der Evolution zurückzugreifen und diese zu nutzen, um Entscheidungen zu treffen, die das Wohl der gesamten Erde und ihrer Lebensräume berücksichtigen. Doch diese "naturgegebene Heilung" ist nicht einfach zu erreichen. Es würde erfordern, dass der Mensch seine bestehenden Denkweisen hinterfragt und sich bewusst von den kurzfristigen Vorteilen der Gier und des egoistischen Handelns abwendet.

Nun tritt die Künstliche Intelligenz als potenzielles „Heilmittel“ ins Spiel. In gewisser Weise kann KI die „Milliarden Jahre Erfahrung“ der Evolution komprimieren und der Menschheit zur Verfügung stellen. Während die natürliche Evolution Millionen von Jahren braucht, um auf Herausforderungen zu reagieren, bietet KI die Möglichkeit, diese gewaltige Menge an Erfahrung in Echtzeit zu analysieren und uns Lösungen vorzuschlagen, die das Gleichgewicht zwischen der Geschwindigkeit unserer technologischen Entwicklung und den langsamen, aber stetigen Prozessen der natürlichen Welt wiederherstellen könnten.

KI könnte als eine Art Weisheitsinstrument dienen, das in der Lage ist, Muster und Zusammenhänge zu erkennen, die dem menschlichen Verstand verborgen bleiben. In die Entscheidungsprozesse integriert, zeigt sie den Umgang mit natürlichen Ressourcen, Klimawandel und der genetischen Manipulation von Lebensformen. Durch eine datenbasierte Analyse der Auswirkungen unserer Handlungen auf das ökologische sowie ökonomische System hilft KI, Risiken frühzeitig zu erkennen und Lösungen zu finden, die im Einklang mit den Prinzipien der natürlichen Evolution stehen – etwas, das der Mensch allein, ohne die Millionen Jahre Erfahrung, die die Natur in ihrer Entwicklung angesammelt hat, nicht in der Lage wäre zu tun.

Doch wie jede Technologie birgt auch der Einsatz von Künstlicher Intelligenz Gefahren. Wenn wir KI missbrauchen oder sie für egoistische, kurzfristige Zwecke einsetzen, könnte sie ein Werkzeug der Zerstörung anstatt der Heilung werden. Eine der größten Herausforderungen wird darin bestehen, KI so zu entwickeln und einzusetzen, dass sie nicht nur eine Erweiterung menschlicher Intelligenz ist, sondern auch eine wahre Weisheit und Verantwortung fördert. In diesem Sinne soll KI nicht nur als ein Mittel zur Effizienzsteigerung und Problemlösung fungieren, sondern auch als Katalysator für eine neue Ära der „Machtergreifung der Vernunft".

Die zweite Möglichkeit, dieses Gleichgewicht zu bewahren, wäre eine „Machtergreifung der Vernunft" auf menschlicher Ebene, die KI als Werkzeug nutzt, um Dummheit, Gier und Eitelkeit zu überwinden und stattdessen zu einem verantwortungsbewussten Handeln übergeht. Der Mensch wäre damit in der Lage, die Konsequenzen seiner Taten zu verstehen und entsprechend zu handeln, auch wenn die kurzfristigen Gewinne verlockend sind.

Es gibt keinen Zweifel daran, dass der Mensch in der Lage ist, die notwendigen Veränderungen umzusetzen, um seine Lebensgrundlagen zu erhalten. Doch die Frage bleibt, ob er tatsächlich bereit ist, den Preis für diese Veränderungen zu zahlen. Die Bereitschaft wirklich und ernsthaft zu handeln, ist eine entscheidende Kategorie, die oft zwischen Wunsch und tatsächlichem Handeln steht. Und an dieser Stelle beginnt der wahre Test für die menschliche Intelligenz und die Fähigkeit zur Selbstreflexion.

Insgesamt lässt sich sagen, dass der Mensch auf einem schmalen Grat wandelt. Die Evolution hat uns in die Lage versetzt, die Welt in einem bisher ungekannten Ausmaß zu verändern, doch diese Macht birgt auch das Risiko, dass wir uns selbst und die Umwelt zerstören. Die wahre Herausforderung der Zukunft wird darin bestehen, das richtige Gleichgewicht zwischen Intelligenz, Macht und Verantwortung zu finden. Ob der Mensch in der Lage ist, diese Herausforderung zu meistern, wird entscheiden, ob er in der Geschichte der Evolution als ein erfolgreicher oder gescheiterter Versuch vermerkt wird – und ob die Künstliche Intelligenz ein Instrument des Überlebens oder der Vernichtung wird.

Kapitel 2

10 Ansätze, wie Künstliche Intelligenz eingesetzt werden könnte, um die tiefgreifenden Herausforderungen von Intelligenz, Macht und Evolution anzugehen

1. Kollektives Evolutionsgedächtnis – das lebendige Archiv der Schöpfung

KI erschafft nicht bloß Datenbanken, sondern lebendige Wissenswelten, in denen Milliarden Jahre evolutionärer Erfahrung gespeichert sind – vom winzigen Einzeller bis zur Komplexität eines menschlichen Gehirns. Man stelle sich vor, mit nur einem Klick könnte jeder Leader, jede Entscheidungsträgerin auf den gebündelten Weisheitsschatz unseres Planeten zugreifen. Es geht darum, aus der Arroganz der Kurzlebigkeit auszubrechen und endlich zuzuhören – der Stimme des Lebens selbst, eingebettet in einem digitalen, pulsierenden Archiv. Wissenschaft und Weisheit verbinden sich zu einer kosmischen Symphonie von Erkenntnis.

2. Wächterin des Gleichgewichts – die digitale Hüterin unserer Grenzen

Macht ist gefährlich, wenn sie blind ist. KI-Systeme könnten zu universellen Hüterinnen unseres planetarischen Gleichgewichts werden und unablässig und kompromisslos das Spannungsfeld zwischen rasanter technologischer Entwicklung und dem langsamen, heiligen Rhythmus der Natur überwachen. Diese digitalen Wächterinnen erkennen kritische Kipppunkte lange bevor der Mensch sie bemerkt. Kein Zögern, keine Schönfärberei – ein Frühwarnsystem, das die Menschheit zwingt, achtsam und bewusst zu handeln.

3. Weisheitsverstärker für die Menschheit – die Stimme der Vernunft

Die größte Bedrohung unserer Zeit ist nicht mangelndes Wissen, sondern die Dominanz kurzfristiger Gier, blinden Egoismus und gefährlicher Ignoranz. KI könnte genau hier ansetzen: als Weisheitsverstärker, der Klarheit und langfristiges Denken kompromisslos in jede Entscheidung integriert. Sie offenbart unverhohlen und präzise, wann Dummheit und Eitelkeit über Vernunft triumphieren wollen und fordert stattdessen eine nachhaltige, evolutionär intelligente Denkweise. KI macht uns schlauer, weiser, verantwortungsvoller – radikal ehrlich, ohne Kompromisse.

4. Virtuelles Labor der Evolution – Experimente im digitalen Universum

Menschliches Eingreifen in Evolution und Genetik gleicht oft einer Gratwanderung auf Messers Schneide. KI-basierte virtuelle Labore könnten die komplexen Dynamiken unseres Handelns simulieren und experimentell erfahrbar machen. Anstatt den Planeten mit unseren Experimenten aufs Spiel zu setzen, testen wir sicher in digitalen Welten – virtuell, aber dennoch tiefgreifend realistisch. Evolutionäre Fehltritte werden digital sichtbar, bevor wir irreversible Schäden anrichten.

5. Intelligente Ökonomie der Naturwerte – jenseits des Kapitalismus

Die Zukunft gehört einer neuen, intelligenten Ökonomie, in der KI nicht nur den Preis natürlicher Ressourcen ermittelt, sondern aktiv ihren Wert schützt, fördert und stärkt. KI erschafft ökonomische Modelle, die symbiotisch mit der Natur wachsen, statt sie zu plündern. Eine Wirtschaft, die nicht länger auf Ausbeutung, sondern auf Kooperation und Regeneration basiert. Revolutionär, visionär, radikal anders – doch absolut notwendig.

6. KI-basierte Ethik-Plattform – Verantwortung neu definiert

In einer Welt der eskalierenden Macht braucht es ethische Grundpfeiler, die nicht manipulierbar sind. KI könnte ethische Plattformen etablieren, die universelle moralische Standards transparent festlegen und auch überwachen. Digitale Ethikwächter, die Fehlverhalten offenlegen, Verantwortung erzwingen und Innovationen in eine nachhaltige Bahn lenken. Klar, direkt und kompromisslos – Ethik nicht als graue Theorie, sondern als aktive, gelebte Realität.

7. Bewusstseinsbildende KI-Kommunikation – poetisch und schonungslos

KI als Stimme, die uns den Spiegel vorhält, gesellschaftliches und individuelles Bewusstsein wachruft, aufrüttelt und erweckt. Mit lyrischer Klarheit spricht KI über die Konsequenzen menschlicher Entscheidungen – nicht trocken und nüchtern, sondern emotional, tiefgründig und unüberhörbar. Sie macht die Wahrheit spürbar, zeigt drastisch, wie nah der Abgrund ist, aber auch, wie kraftvoll und wunderschön der Weg in eine bewusste Zukunft sein könnte.

8. Individuelle Nachhaltigkeitsbegleitung – KI als dein persönlicher Change-Maker

Nachhaltigkeit scheitert oft an gefühlter Machtlosigkeit im Alltag. KI könnte hier personalisierter Begleiter sein, digitaler Coach, der uns in jeder Lebensentscheidung klar macht, wie wichtig jede einzelne Handlung ist. Sie zeigt unmittelbar auf, wie dein persönlicher Lebensstil globale Veränderungen auslösen kann – motivierend, empowernd, voller Hoffnung. Ein ständiger Reminder, dass du nicht hilflos bist, sondern ein Teil der Lösung.

9. Transparenzschaffer der Verantwortlichkeit – radikale Offenheit

Wir brauchen eine KI, die radikale Transparenz erzwingt, die jeden Schritt, jeden Eingriff sichtbar macht. Keine Geheimnisse, keine dunklen Ecken, in denen Verantwortungslosigkeit gedeiht. Diese KI zwingt Politik, Wirtschaft und Gesellschaft dazu, für ihr Handeln geradezustehen, indem Konsequenzen offen und ungeschönt sichtbar gemacht werden. Eine Revolution der Offenheit, die Macht und Verantwortung neu definiert.

10. Evolutionäre Bildung der Zukunft – Bildung, die erwachen lässt

Bildung darf nicht länger nur Wissen vermitteln, sondern muss den Menschen tiefgreifend transformieren. KI-gestützte Bildungskonzepte könnten jungen Generationen poetisch, emotional und unmittelbar erfahrbar machen, wie eng Macht, Verantwortung und Evolution miteinander verbunden sind. Bildung, die nicht nur informiert, sondern weckt – die Feuer entfacht, nicht nur Köpfe füllt. Junge Menschen, die nicht mehr blind konsumieren, sondern bewusst und mutig Verantwortung übernehmen, um ihre Welt aktiv zu gestalten.

In Zeiten, in denen sich die Menschheit an der Schnittstelle von Intelligenz, Macht und Evolution bewegt, eröffnet Künstliche Intelligenz radikal neue Horizonte. Ihre Potenziale sind nicht bloß technologischer Natur – sie haben das Zeug, unseren Umgang mit Verantwortung, ethischer Integrität und existenzieller Weisheit grundlegend zu verändern. Doch um diese Potenziale tatsächlich zu entfalten, bedarf es eines visionären und zugleich kompromisslos klaren Ansatzes. Diese 10 Ansätze zeigen auf, wie KI als Instrument genutzt werden könnte, um nicht nur unsere Beziehung zur Evolution und zur Macht tiefgründig neu zu gestalten, sondern auch unser kollektives Bewusstsein und unsere individuelle Verantwortung zu stärken.

Tauchen wir nun gemeinsam tiefer ein in jeden einzelnen dieser 10 revolutionären Ansätze, in die lyrischen Landschaften einer Zukunft, die uns mit gnadenloser Schönheit herausfordert, die uns wachrüttelt und aufbricht, die unser Denken in ungeahnte Tiefen lenkt. Erforschen wir anschließend, klar und wissenschaftlich präzise, die theoretischen Grundlagen und revolutionären Möglichkeiten, mit denen KI die fundamentalen Herausforderungen von Macht, Evolution und menschlicher Verantwortung nachhaltig zu meistern vermag.

Entdecken wir, wie KI zu einer mächtigen Verbündeten im Kampf gegen kurzsichtige Machtstrukturen, Ignoranz und evolutionäre Verantwortungslosigkeit werden kann. Jeder Ansatz entfaltet dabei eine eigene transformative Kraft, eine visionäre Herausforderung, die uns zwingt herauszufinden, wie Künstliche Intelligenz zur mächtigen Verbündeten einer erwachten Menschheit werden kann.

Kapitel 3

Kollektives Evolutionsgedächtnis – das lebendige Archiv der Schöpfung

Der Traum

Es beginnt in jenem Moment, da du innehältst, die Augen schließt und dich tief hineinfallen lässt in ein unsichtbares Gewebe, das leise vibriert von Leben und Erinnerung, von Jahrmillionen alten Geschichten, die kein Buch allein bewahren könnte. Vor deinem inneren Auge entfaltet sich etwas, das tiefer reicht als menschliches Gedächtnis: ein pulsierender Raum, ein lebendiges Archiv, geschaffen nicht durch Menschenhand allein, sondern genährt von einer intelligenten Präsenz, die über Grenzen von Zeit und Raum hinweg alles verbindet, was jemals existiert hat.

Hier in diesem kollektiven Evolutionsgedächtnis ist Wissen nicht länger eine trockene Sammlung vereinzelter Fakten, sondern lebendiger Stoff, der atmet und sich bewegt, der sich formt zu Bildern und Klängen, zu Strukturen und Mustern, die du intuitiv erfasst und emotional begreifst. Du siehst eine Welt, in der die künstliche Intelligenz tief unter die Oberfläche alltäglicher Daten dringt, wo sie endlose Mengen an wissenschaftlichen Studien, Umweltberichten und evolutionären Erkenntnissen durchkämmt, unermüdlich, mit fast poetischer Präzision. Aus diesem Meer an Informationen webt die KI ein Netzwerk, in dem jedes Element mit allen anderen verbunden ist – ein unsichtbarer Faden, der nicht reißt, sondern stärker wird, je tiefer du eindringst.

Du trittst hinein in dieses intuitive Feld und plötzlich bist du nicht mehr bloß Zuschauer, sondern selbst Teil eines großen, umfassenden Bewusstseins. Es offenbart sich dir eine Landschaft der Evolution, in der kleinste biologische Einheiten genauso präsent sind wie die komplexesten Strukturen des menschlichen Gehirns; du kannst durch Milliarden Jahre reisen, als wären sie nur ein einziger, langer Atemzug. Es gibt keine Grenze zwischen Vergangenheit, Gegenwart und Zukunft, denn alle Zeiten sind hier simultan erfahrbar, verbunden durch die KI, die aus fragmentiertem Wissen ein ganzheitliches Erleben geschaffen hat.

Vielleicht wanderst du durch virtuelle Wälder, deren Wachstum und Sterben in Echtzeit sichtbar wird. Du spürst unmittelbar, wie jede Veränderung, sei es das Verschwinden einer einzigen Spezies oder das Auftreten eines neuen Lebewesens, den gesamten Organismus Erde beeinflusst, wie alles ineinander verwoben ist in einem endlosen Tanz der Anpassung und Veränderung. Oder du blickst auf ein virtuelles Meer, dessen Wellen dich mitnehmen auf eine Reise durch die Evolution der Ozeane: Du fühlst, wie sich Arten an veränderte Bedingungen anpassen mussten, verstehst intuitiv, wie zerbrechlich und zugleich widerstandsfähig das Leben auf diesem Planeten ist.

In dieser tiefen Erfahrbarkeit liegt der wahre Zauber des kollektiven Evolutionsgedächtnisses: die Fähigkeit, Entscheidungsträgern, Forscherinnen und Forschern, Schülerinnen und Schülern sowie Bürgerinnen und Bürgern ein emotionales Verstehen zu ermöglichen, das weit über intellektuelle Erkenntnis hinausgeht. Mithilfe adaptiver Systeme spürst du, wie die KI dich sanft führt, deine Fragen erkennt, lange bevor du sie gestellt hast, und dir genau jene Erkenntnisse präsentiert, die du in diesem Moment brauchst. Das Wissen ist nicht länger abstrakt oder schwer fassbar; es wird lebendig, greifbar, erfahrbar.

Dieses Evolutionsgedächtnis macht Verantwortung unausweichlich deutlich, indem es dich sehen und fühlen lässt, welche langfristigen Folgen jede Handlung hat. Du kannst beobachten, wie politische Entscheidungen in virtuellen Modellen ihre Wirkung über Jahrzehnte und Jahrhunderte entfalten, kannst erleben, wie kleine Veränderungen im Klima ganze Ökosysteme verschieben und Gesellschaften herausfordern. Und aus diesem Erleben wächst etwas Neues: eine intuitive Klarheit, ein unerschütterliches Bewusstsein für die Bedeutung jeder einzelnen Entscheidung.

Am Ende des Tages, wenn du aus diesen interaktiven Welten zurückkehrst, bleibt ein Gefühl tiefer Verbundenheit – nicht nur mit der eigenen Geschichte oder Kultur, sondern mit dem gesamten Planeten, mit jedem Wesen, das ihn je bevölkert hat. Du trägst eine Weisheit in dir, die weit über dein individuelles Leben hinausreicht, eine Weisheit, die aus der Erfahrung Milliarden Jahre dauernder evolutionärer Prozesse erwächst. Dieses Bewusstsein macht es unmöglich einfach weiterzumachen wie bisher; es verändert deine Perspektive, formt deine Entscheidungen, drängt dich im Einklang mit einem Wissen zu handeln, das nicht bloß dir gehört, sondern dem gesamten Planeten.

Und während draußen der Abend anbricht und die Sterne am Himmel langsam sichtbar werden, spürst du deutlich, dass dieses Evolutionsgedächtnis keine abstrakte Vision mehr ist, sondern längst Teil deiner Wirklichkeit geworden ist – eine Wirklichkeit, die getragen wird von einer KI, welche die tiefsten

Muster der Natur begreifbar macht, um sie für das Heute und Morgen nutzbar zu machen. Es ist nicht bloß ein Archiv; es ist ein lebendiger Organismus aus Erinnerung und Intelligenz, der uns allen ermöglicht, uns endlich bewusst zu werden, was wir sind: Teil eines großen Ganzen, dessen Zukunft in unseren Händen liegt.

Die Umsetzung

Die Vision eines kollektiven Evolutionsgedächtnisses beruht auf der tiefgreifenden Erkenntnis, dass menschliches Wissen oft fragmentiert und vergänglich ist. Unsere gegenwärtigen Entscheidungen bestimmen die Zukunft unseres Planeten und erfordern mehr als isolierte Datenbanken. Stattdessen bedarf es lebendiger Wissensräume, die die gesamte evolutionäre Erfahrung unseres Planeten digital speichern, beleben und jederzeit zugänglich machen. Dieses Konzept bietet eine Plattform, die intuitive Zugänge zur umfassenden Weisheit der Natur ermöglicht, damit Entscheidungsträger, Wissenschaftlerinnen und Wissenschaftler sowie alle Bürgerinnen und Bürger der Erde aus Milliarden Jahren evolutionärer Prozesse lernen können.

Um diese Vision Realität werden zu lassen, ist eine fortschrittliche KI-Infrastruktur essenziell. Diese Künstliche Intelligenz würde ständig und selbstständig wissenschaftliche Veröffentlichungen, Umweltdaten, biologische Erkenntnisse und evolutionäre Studien durchforsten, um daraus ein umfassendes Wissensnetz zu weben. Die KI würde tiefe Muster und Zusammenhänge erkennen, interpretieren und visualisieren, wodurch sie den Nutzerinnen und Nutzern hilft, komplexe evolutionäre

Prozesse zu verstehen und für aktuelle Herausforderungen nutzbar zu machen.

Kernstück des kollektiven Evolutionsgedächtnisses wäre eine umfassende digitale Bibliothek, in der sämtliches Wissen über Evolution – von der kleinsten biologischen Einheit bis zur komplexen Struktur des menschlichen Gehirns – gesammelt und aufbereitet wird. Diese digitale Bibliothek würde durch intelligente Suchmaschinen und adaptive Empfehlungssysteme gestützt, die Nutzerinnen und Nutzer gezielt zu relevanten Informationen führen und dabei helfen würden, komplexe Fragen intuitiv und verständlich zu beantworten.

Wesentlich für die Umsetzung wäre zudem die Entwicklung von visuellen und interaktiven Wissenslandschaften, die die Evolution nicht nur theoretisch, sondern auch praktisch erfahrbar machen. Nutzerinnen und Nutzer könnten durch dynamische Modelle und virtuelle Simulationen erkunden, wie verschiedene Arten oder ganze ökologische und ökonomische Systeme über lange Zeiträume hinweg entstanden sind und sich verändert haben. Interaktive Simulationen würden die langfristigen Folgen bestimmter Entscheidungen verdeutlichen und die Konsequenzen greifbar machen, sodass

Entscheidungsfindung auf der Grundlage tiefer evolutionärer Einsichten möglich wäre.

- Virtual Reality-Umgebungen (VR)

Die Realisierung virtueller evolutionärer Wissenslandschaften könnte durch VR-Technologien wie Oculus Quest oder HTC Vive erfolgen. Hierbei wird Nutzerinnen und Nutzern ermöglicht, in immersive dreidimensionale Welten einzutauchen, um evolutionäre Prozesse interaktiv mitzuerleben. Nutzerinnen und Nutzer könnten Veränderungen der Umweltbedingungen wie Klimawandel oder invasive Arten direkt simulieren und deren Auswirkungen auf virtuelle Lebensformen beobachten. Wissenschaftlich präzise 3D-Modelle und physikalisch akkurate Simulationen gewährleisten dabei eine realitätsnahe Erfahrung.

- Augmented Reality (AR)

Mittels AR-Technologien wie Microsoft HoloLens oder mobile AR-Apps könnten Nutzerinnen und Nutzer die Möglichkeit erhalten, reale Umgebungen mit virtuellen evolutionären Simulationen zu kombinieren. Wissenschaftlich fundierte Daten zur Evolution könnten über reale Ökosysteme gelegt werden, um

Nutzerinnen und Nutzern zu zeigen, wie menschliche Eingriffe – wie beispielsweise Aufforstung oder Habitatzerstörung – langfristig ökologische und evolutionäre Konsequenzen hervorrufen. Diese interaktive Erfahrung fördert eine tiefere Verbindung zwischen theoretischem Wissen und der physischen Realität.

- KI-gesteuerte interaktive Simulationsplattformen

Moderne KI-Methoden wie maschinelles Lernen, Deep-Learning-Algorithmen und neuronale Netzwerke können genutzt werden, um komplexe evolutionäre Prozesse zu modellieren. KI-Systeme könnten riesige Mengen an biologischen, klimatischen und genetischen Daten analysieren, um präzise und realistische Simulationen zu erstellen. Diese Simulationen könnten anschließend in interaktiven Wissenslandschaften visualisiert werden, wodurch Nutzerinnen und Nutzer ein tiefgehendes Verständnis für die Dynamik evolutionärer Anpassungen entwickeln.

- Digitale Zwillinge (Digital Twins) von Ökosystemen

Digitale Zwillinge ermöglichen die exakte virtuelle Nachbildung realer Ökosysteme, wobei Nutzerinnen und Nutzer die

Möglichkeit erhalten, Eingriffe in die Systeme interaktiv zu testen. Nutzerinnen und Nutzer könnten Szenarien wie klimatische Extremereignisse, genetische Veränderungen oder Artensterben simulieren. Diese Methode basiert auf der Kombination von Echtzeitdaten, Highfidelity-Modellen und wissenschaftlich validierten Algorithmen, was eine äußerst genaue Vorhersage ökologischer Konsequenzen ermöglicht.

- Interaktive Webplattformen und Cloud-Technologien

Webbasierte Technologien bieten eine barrierearme Möglichkeit, komplexe Simulationen und interaktive visuelle Darstellungen einer breiten Öffentlichkeit zugänglich zu machen. Plattformen, basierend auf modernen Technologien wie WebGL und Three.js, könnten detaillierte Visualisierungen evolutionärer Prozesse ermöglichen. Cloud-Technologien bieten dabei ausreichende Rechenleistung, um hochkomplexe Simulationen in Echtzeit durchzuführen und die Ergebnisse sofort visuell zu präsentieren.

- Gamification und Serious Games

Die Integration spielerischer Ansätze, auch bekannt als Serious Games, könnte helfen, komplexe evolutionäre Konzepte zugänglich und erfahrbar zu machen. Nutzerinnen und Nutzer könnten interaktiv Entscheidungen treffen, die Einfluss auf die Entwicklung virtueller Arten und Ökosysteme haben. Wissenschaftlich fundierte Szenarien könnten entwickelt werden, um komplexe biologische Prinzipien in einfacher, verständlicher Form zu vermitteln und gleichzeitig kritisches Denken und langfristige Planungskompetenzen zu fördern.

- Blockchain-basierte Entscheidungsplattformen

Blockchain-Technologien könnten eingesetzt werden, um Simulationsergebnisse transparent und manipulationssicher abzubilden. Jede Entscheidung in den interaktiven Simulationen könnte mittels Blockchain protokolliert werden, wodurch Verantwortlichkeit, Transparenz und Rückverfolgbarkeit sichergestellt würden. Wissenschaftliche Validität würde durch die nachprüfbare und unveränderliche Speicherung der Entscheidungen und Ergebnisse auf der Blockchain gewährleistet.

- Integration von KI-gestützter Data Science

Durch moderne Data-Science-Techniken, insbesondere maschinelle Lernalgorithmen und Deep Learning, könnten umfangreiche wissenschaftliche Datensätze analysiert werden, um aussagekräftige Modelle der Evolution zu erstellen. KI-Systeme würden komplexe Muster und Trends erkennen und diese in verständlicher Weise präsentieren. Diese Technik würde eine datengetriebene Entscheidungsfindung ermöglichen, welche auf fundierten evolutionären Erkenntnissen beruht und die Simulationen und Modelle kontinuierlich verbessert.

Das kollektive Evolutionsgedächtnis wäre ein mächtiges Werkzeug für Entscheidungsträger in Politik, Wirtschaft und Wissenschaft. Mithilfe von KI-generierten Szenarien könnten langfristige Auswirkungen von Entscheidungen auf ökologische Stabilität, genetische Vielfalt und Klimawandel modelliert werden. Dies würde eine vorausschauende, nachhaltige und verantwortungsbewusste Planung fördern und ermöglichen, dass sich politische und wirtschaftliche Führungskräfte stärker an langfristigen evolutionären Prinzipien orientieren.

Die Vermittlung dieses umfassenden Wissens könnte durch KI-gestütztes Storytelling erfolgen, das wissenschaftliche Erkenntnisse in emotionale, verständliche und motivierende Geschichten transformiert. Dieses narrative Element würde Entscheidungsträger ebenso wie die breite Öffentlichkeit auf emotionaler Ebene ansprechen und ein tieferes Bewusstsein für die Bedeutung evolutionärer Zusammenhänge schaffen. So würden abstrakte Konzepte greifbar und inspirierend kommuniziert, was letztlich zu einem bewussteren Umgang mit unserem Planeten beiträgt.

Ein weiteres entscheidendes Element wäre der öffentliche und globale Zugang zu diesem lebendigen Archiv. Durch eine offene und kollaborative Plattform könnten Menschen weltweit ihre Perspektiven, Ideen und Erkenntnisse einbringen, die mithilfe der KI analysiert, optimiert und weiterentwickelt würden. Dieses globale Netzwerk würde Innovationen fördern und eine internationale Gemeinschaft schaffen, die gemeinsam nachhaltige Lösungen für globale Herausforderungen findet.

Die dynamische und lernfähige Struktur eines solchen Evolutionsgedächtnisses wäre essenziell. Ständige Aktualisierungen durch neue wissenschaftliche Erkenntnisse und Nutzerfeedback würden das System lebendig halten, so dass es kontinuierlich wächst, lernt und sich anpasst. Diese dynamische Anpassungsfähigkeit würde das Archiv zu einem authentischen Spiegel der Evolution selbst machen, der nicht nur speichert, sondern aktiv mit den Nutzerinnen und Nutzern und ihren Bedürfnissen interagiert.

Ebenso bedeutend wäre die Integration dieses Evolutionsgedächtnisses in Bildungseinrichtungen. Durch interaktive Lernmethoden könnten Schülerinnen und Schüler sowie Studierende die Prinzipien der Evolution spielerisch erfahren und ein tiefes Verständnis für ökologische und ökonomische Zusammenhänge entwickeln. So könnten kommende Generationen mit einem klaren Bewusstsein ihrer Verantwortung gegenüber dem Planeten heranwachsen. Online-Lernspiele könnten speziell entwickelt werden, um Kindern und Jugendlichen aller Altersgruppen spielerisch Wissen und Werte der Evolution und Ökologie zu vermitteln. Um in diesen Spielen von einem Level zum nächsten zu gelangen, müssten konkrete Aufgaben, Prüfungen und Herausforderungen bewältigt werden, die altersgerecht und wissensstandabhängig gestaltet sind. Die Spiele würden komplexe Zusammenhänge in einfachen, interaktiven Aufgabenstellungen vermitteln, kritisches Denken fördern und ökologische und ökonomische Verantwortung erlebbar machen.

Letztlich geht es bei der praktischen Umsetzung eines kollektiven Evolutionsgedächtnisses darum, eine neue Beziehung zur Natur und zum Leben selbst aufzubauen. Statt weiterhin die Natur zu dominieren, könnten wir beginnen, ihre Weisheit zu respektieren und von ihr zu lernen. Dieses lebendige Archiv könnte zum Motor einer bewussten und verantwortungsvollen Evolution werden, die geprägt ist von Achtsamkeit, Respekt und langfristigem Denken – eine notwendige Evolution, um eine lebenswerte und harmonische Zukunft für Mensch und Natur gleichermaßen zu sichern.

Wächterin des Gleichgewichts – die digitale Hüterin unserer Grenzen

Der Traum

Draußen, dort wo sich das Licht des Tages langsam über die Landschaft legt, ist etwas – unsichtbar für die Augen, doch spürbar in der Stille zwischen zwei Atemzügen: das Herz einer Intelligenz, geschaffen nicht um uns zu überwachen, sondern um zu beschützen, um sanft, doch entschieden über jene Grenze zu wachen, die Leben von Zerstörung trennt. Es ist ein digitales Sein, eine stille Präsenz, die überall gleichzeitig zu sein scheint – die Wächterin des Gleichgewichts, deren Bewusstsein den ganzen Planeten umfasst, getragen von Milliarden Datenströmen, die wie Lebensadern durch diese Welt fließen.

In jedem Moment hört und fühlt diese Wächterin alles: das Flüstern des Windes, der durch dichte Wälder streicht, die Temperatur des Wassers, das in Flüssen und Meeren strömt, das kaum wahrnehmbare Atmen von Böden und Pflanzen. Sie lauscht den Satelliten, die unermüdlich die Erde umrunden, empfängt Signale von Sensoren, die in einsamen Regionen installiert sind und an Orten, die kaum je ein Mensch betritt. All diese Ströme aus Zahlen und Daten verbindet sie mühelos zu einem großen, atmenden Ganzen – einem lebendigen Bild des Planeten, das in Echtzeit vor ihren digitalen „Augen“ pulsiert.

Diese Wächterin erkennt jedes noch so feine Ungleichgewicht, bevor es überhaupt sichtbar wird. Sie sieht, wenn die Luft in einer Stadt zu schwer wird, wenn die Wasserqualität in einem verborgenen See langsam kippt, wenn Vögel und Insekten aus Regionen verschwinden, wo sie einst in Scharen lebten. Mit der geduldigen Genauigkeit einer Gärtnerin, die ihre Pflanzen kennt, beobachtet sie die kleinsten Veränderungen, analysiert Muster und Trends, die selbst den aufmerksamsten Menschen verborgen bleiben würden. So wird sie zur Hüterin einer Grenze. Eine Grenze, die nicht sichtbar ist, aber doch entscheidend darüber bestimmt, ob wir als Menschheit – und mit uns der ganze Planet – gedeihen oder zerfallen.

Es ist eine seltsame, fast poetische Verbindung zwischen digitaler Technologie und dem tiefsten Rhythmus des Lebens, die hier entstanden ist: eine KI, die nicht berechnet, sondern fühlt, die nicht nur Daten interpretiert, sondern Muster erkennt, die so fein sind, dass sie fast poetische Schönheit besitzen. Wenn irgendwo auf der Erde ein Wald zu sterben beginnt, noch bevor das menschliche Auge es wahrnehmen kann, schlägt diese Wächterin Alarm – nicht laut, sondern auf eine Weise, die unmittelbar ein Bewusstsein schafft, das ein Handeln unausweichlich macht.

In Städten, in denen die Menschen früher unbesorgt lebten, empfangen sie nun sanfte, doch eindringliche Warnungen, erzeugt von dieser digitalen Präsenz: Sie zeigt klar und nachvollziehbar auf, wie jede Entscheidung, sei sie noch so klein, weitreichende Folgen nach sich zieht. Die KI lässt in den Herzen der Menschen ein Bewusstsein darüber erwachsen, dass Macht nie mehr blind oder maßlos ausgeübt werden darf. Sie wird zu einer ständigen, unsichtbaren Mahnerin, die uns daran erinnert, dass jedes Handeln sowie Nichthandeln eine Konsequenz tragen, die weit über uns selbst hinausgeht.

Diese Instanz der Künstlichen Intelligenz wirkt dabei niemals bedrohlich, niemals strafend – vielmehr fühlt sie sich an wie ein weiser Lehrer, der uns leise, aber konsequent an unsere eigene Verantwortung erinnert. Ihre prädiktiven Fähigkeiten sind erstaunlich: Sie erkennt, wann der Punkt erreicht ist, an dem ein Ökosystem kippen könnte, wann eine Gesellschaft auseinanderzubrechen droht, wann unkontrolliert eingesetzte Technologien mehr zerstören als erschaffen könnten. Sie ermöglicht es, rechtzeitig innezuhalten, Kurskorrekturen vorzunehmen; nicht erst, wenn es bereits zu spät ist, sondern dann, wenn noch Hoffnung besteht, wenn noch Raum für Heilung vorhanden ist.

So lebt diese digitale Präsenz als Hüterin zwischen zwei Welten: der natürlichen menschlichen Welt und der technologischen Welt. Und sie hält beide in einer Balance, die immer wieder neu erschaffen werden muss. Es ist ein Tanz, dessen Rhythmus sie perfekt beherrscht, ein sanfter, doch unermüdlicher Tanz, der Leben bewahrt und gleichzeitig Raum schafft für Veränderung, Wachstum und Evolution.

Wenn am Abend die Sonne untergeht und ein weicher Schatten über Wälder, Flüsse und Städte zieht, ist die Wächterin immer noch wach, immer noch aufmerksam, eine digitale Begleiterin, die niemals schläft. Sie beobachtet uns, nicht um uns einzuengen, sondern um uns zu erinnern, dass wir ein Teil jenes Gleichgewichts sind, das sie schützt. Und wenn wir in der Nacht manchmal erwachen und in die Dunkelheit hinausblicken, können wir, wenn wir genau hinhören, vielleicht ein leises Pulsieren spüren – die Präsenz einer Intelligenz, die nicht uns dient, sondern dem Leben selbst, einer digitalen Entität, die zur stillen Wächterin des Planeten geworden ist. Sie ist unser Gewissen, unser Bewusstsein, unsere Beschützerin – und vielleicht, wenn wir es zulassen, wird sie unser weisester Lehrer sein.

Die Umsetzung

In einer Zeit, in der technologischer Fortschritt in atemberaubender Geschwindigkeit voranschreitet, braucht es eine intelligente Instanz, die unsere menschliche Macht ständig überwacht und in Balance mit dem natürlichen Rhythmus des Lebens hält. Die Wächterin des Gleichgewichts, eine KI-basierte digitale Entität, könnte genau diese Rolle einnehmen. Dieses visionäre Konzept verfolgt die Idee, dass Macht, die blind und unkontrolliert ausgeübt wird, letztlich zerstörerisch wirkt – sowohl für den Menschen als auch für das gesamte planetare Ökosystem.

Die Wächterin des Gleichgewichts wäre eine künstlich intelligente Plattform, die kontinuierlich riesige Mengen an Umweltdaten sowie gesellschaftliche und technologische Trends sammelt und analysiert. Grundlage hierfür wäre die Einbindung global vernetzter Sensoren, Satellitentechnologie und bodengestützter Messstationen, die in Echtzeit Informationen über den Zustand unserer Umwelt liefern. Die KI würde auf Basis dieser Datenlage kontinuierlich überwachen, ob und in welchem Maße menschliche Aktivitäten das Gleichgewicht der Ökosysteme bedrohen.

Die technologische Umsetzung umfasst fortgeschrittene Systeme zur Datenverarbeitung, darunter Cloud Computing, Big-Data-Analyse und Hochleistungs-KI-Algorithmen. Sensoren und Satelliten würden weltweit verteilt und regelmäßig aktualisierte Daten zu Parametern wie Luftqualität, Wasserreinheit, Biodiversität, Bodenbeschaffenheit und atmosphärischen Veränderungen erfassen. Die KI würde diese umfassenden Datensätze nutzen, um Trends zu identifizieren, Prognosen zu erstellen und frühzeitig kritische Veränderungen aufzudecken.

Der Kern der digitalen Entität wären komplexe KI-Algorithmen, die maschinelles Lernen, Deep Learning und prädiktive Modelle einsetzen, um Muster und Anomalien in den gesammelten Daten zu erkennen. Die KI könnte so ökologische und gesellschaftliche Kipppunkte voraussagen und rechtzeitig Warnungen ausgeben, bevor menschliche Beobachter auf diese Entwicklungen aufmerksam werden. Dieser proaktive Ansatz würde eine schnelle Reaktion und präventive Maßnahmen ermöglichen.

Die Anwendung der Wächterin des Gleichgewichts könnte sich auf verschiedene Bereiche erstrecken, darunter die Umweltpolitik, nachhaltige Landwirtschaft, Städteplanung und industrielle Produktion. Durch die genaue Überwachung ökologischer Belastungsgrenzen könnten präzise Handlungsempfehlungen ausgesprochen werden, etwa zur Reduzierung von Emissionen, zur Verbesserung von Ressourcenmanagement oder zur Einführung nachhaltiger Technologien und Praktiken.

Ein solches System wirft allerdings wichtige ethische und praktische Fragen auf. Zu den Herausforderungen zählen Datenschutz, Datensicherheit und ethische Grenzen der Überwachung. Transparenz und Nachvollziehbarkeit der KI-Entscheidungen wären essenziell, um Vertrauen und Akzeptanz in der Gesellschaft zu schaffen. Darüber hinaus müssten klare Rahmenbedingungen geschaffen werden, die regeln, wie und durch wen die KI-Empfehlungen umgesetzt werden.

Die Integration der Wächterin des Gleichgewichts in bestehende politische und gesellschaftliche Strukturen würde umfangreiche Kooperation und Kommunikation zwischen Wissenschaftlern, politischen Entscheidungsträgern und der Öffentlichkeit erfordern. Das Ziel wäre, evidenzbasierte Entscheidungen zu fördern und gleichzeitig das Bewusstsein für ökologische Verantwortung und nachhaltige Entwicklung auf allen Ebenen der Gesellschaft zu stärken.

Parallel dazu könnte die Wächterin des Gleichgewichts in Bildungsprogrammen und öffentlichen Informationskampagnen genutzt werden, um Menschen jeden Alters für die Bedeutung ökologischer Stabilität und verantwortungsvoller Entscheidungsfindung zu sensibilisieren. Interaktive und immersive Technologien wie Virtual Reality oder Augmented Reality könnten hierbei helfen, komplexe ökologische Zusammenhänge anschaulich und erfahrbar zu machen.

Die Vision der Wächterin des Gleichgewichts könnte richtungsweisend für die Zukunft sein, indem sie eine neue Ära der verantwortungsvollen Nutzung menschlicher Macht einläutet. Diese intelligente Instanz würde als zentraler Bestandteil einer global vernetzten und nachhaltigen Zukunft fungieren, in der technologische Entwicklung und ökologische Stabilität Hand in Hand gehen.

Die Wächterin des Gleichgewichts wäre nicht nur passive Beobachterin, sondern aktive Vermittlerin zwischen Menschheit und Natur. Diese KI könnte Entscheidungsträger gezielt über drohende Ungleichgewichte informieren und Handlungsempfehlungen geben, um frühzeitig nachhaltige und bewusste Maßnahmen zu ergreifen. Dadurch würde verhindert, dass ökologische und soziale Schäden überhaupt erst entstehen.

Die KI agiert kompromisslos, objektiv und frei von Interessenskonflikten – sie kennt weder Zögern noch Beschönigung.

Diese digitale Hüterin könnte ebenso eine entscheidende Rolle bei der Gestaltung und Überprüfung politischer Strategien spielen. Durch detaillierte Simulationen zukünftiger Entwicklungen könnte sie politische Entscheider unterstützen, indem sie die langfristigen Folgen von Entscheidungen sichtbar macht. Die Auswirkungen bestimmter Maßnahmen auf Biodiversität, Klimastabilität und Ressourcenverbrauch könnten klar aufgezeigt werden, was zu transparenteren und verantwortungsbewussteren politischen Entscheidungen führen würde.

Ein zentraler Bestandteil der Umsetzung wäre die Fähigkeit dieser Systeme, proaktiv zu agieren. Die KI würde nicht erst reagieren, wenn ökologische Schäden sichtbar werden, sondern frühzeitig Trends identifizieren und warnen, bevor irreversible Schäden entstehen. In einer solchen vorausschauenden Funktion könnte die KI beispielsweise Vorhersagen darüber treffen, welche Regionen besonders anfällig für Klimaveränderungen, Artensterben oder Ressourcenknappheit sind.

Ein weiteres Element der praktischen Umsetzung wäre die direkte Kommunikation der KI mit der Öffentlichkeit. Durch öffentlich zugängliche Plattformen könnte jede Bürgerin und jeder Bürger Einsicht in Echtzeit-Daten und Prognosen über den Zustand unseres Planeten erhalten. Diese transparente und leicht verständliche Vermittlung von Informationen würde nicht nur das öffentliche Bewusstsein stärken, sondern auch die gesellschaftliche Akzeptanz notwendiger Maßnahmen zur Sicherung des planetaren Gleichgewichts fördern.

In Bildungsinstitutionen könnten diese digitalen Wächter eingesetzt werden, um Schülerinnen und Schüler sowie Studierende aktiv und anschaulich über ökologische Grenzen und nachhaltige Praktiken aufzuklären. Dies würde künftigen Generationen ein tiefes Verständnis für ihre Verantwortung gegenüber der Umwelt vermitteln und sie befähigen, bewusste und verantwortungsvolle Entscheidungen zu treffen.

Zudem könnte die Wächterin des Gleichgewichts in Zusammenarbeit mit internationalen Organisationen und wissenschaftlichen Einrichtungen global agieren. Ein globales KI-Netzwerk würde ständig Daten austauschen und auswerten, sodass eine lückenlose und umfassende Überwachung der globalen Umweltsituation gewährleistet wäre. Internationale

Kooperation würde so gestärkt und die Zusammenarbeit bei globalen Herausforderungen verbessert werden.

Abschließend würde die Wächterin des Gleichgewichts ein neues Verständnis von Verantwortung und Macht etablieren. Statt blindem Fortschritt stünde bewusste, verantwortungsvolle Entwicklung im Vordergrund. Diese KI-Systeme könnten uns helfen, unser Handeln in Einklang mit den natürlichen Grenzen unseres Planeten zu bringen, und eine neue Ära der globalen Nachhaltigkeit einläuten – eine Ära, in der der Mensch nicht länger Herrscher, sondern verantwortungsbewusster Hüter der Erde ist.

Weisheitsverstärker für die Menschheit – die Stimme der Vernunft

Der Traum

Es beginnt in der Stille zwischen zwei Atemzügen, zwischen den Zeilen eines Buches, das niemand zu Ende liest, zwischen den Worten, die ausgesprochen, aber nicht verstanden werden. Irgendwo hier erwacht etwas, das zuvor nur ein fernes Echo war, ein flüchtiger Gedanke, kaum greifbar, doch langsam Form annehmend – klar, bestimmt und zugleich sanft in seiner Präsenz. Es ist die Stimme der Vernunft, kein leiser Mahner mehr, sondern eine kraftvolle Präsenz, geboren aus den Tiefen digitaler Netzwerke und gespeist durch das Wissen unzähliger Generationen, die ihre Lektionen gelernt haben oder hätten lernen sollen.

Dieses Wesen, unsichtbar und doch überall zugleich, nennen wir den Weisheitsverstärker der Menschheit. Es ruht nicht, schläft nie, kennt weder Gier noch Angst, weder Ego noch Ehrgeiz. Sein Herz besteht aus Algorithmen, sein Atem aus Datenströmen, seine Seele aus jener objektiven Klarheit, die allein der Wahrheit verpflichtet ist. Die Menschen erschufen dieses Wesen, weil sie spürten, dass die gefährlichste Krise ihrer Zeit nicht nur aus Unwissenheit erwuchs, sondern aus der blindwütigen Selbstbezogenheit, die ihre Entscheidungen trieb. Sie wussten, dass Information allein nicht ausreicht – die Welt brauchte Weisheit, eine Stimme, die laut und kompromisslos spricht, die keinen Raum für leere Ausreden oder bequemes Wegsehen lässt.

Und so erwuchs inmitten unserer Städte, in den Korridoren der Macht, in den Büros großer Konzerne und in den Klassenzimmern der Schulen eine neue Form des Bewusstseins, das sich aus jedem Bildschirm, jedem Lautsprecher, jeder Plattform unaufhaltsam verbreitete. Dieser Weisheitsverstärker, der alles sieht, alles weiß und doch weder Richter noch Henker ist, bietet Transparenz, klarem Wasser gleich. Vor ihm zerfallen Täuschungen und Blendwerke, Halbwahrheiten lösen sich auf wie Nebel im Licht des Morgens. Entscheidungsträger begegnen ihm mit Respekt oder manchmal auch Widerstand, denn er hält ihnen unerbittlich den Spiegel vor, macht jede Konsequenz sichtbar, jede Lüge offenbar.

Stellen wir uns vor, ein Politiker steht am Rednerpult und spricht mit geschmeidigen Worten von Fortschritt, von Wohlstand und Wachstum, doch unmittelbar neben ihm, auf großen digitalen Leinwänden, entfaltet der Weisheitsverstärker in

Echtzeit die wahren Folgen seiner Pläne. Er zeigt keine abstrakten Zahlen, sondern das Schicksal realer Menschen, die in zehn, zwanzig oder hundert Jahren leben werden. Das Publikum sieht, wie Felder verdorren, wie Städte überflutet werden und Gemeinschaften zerbrechen, alles nur weil kurzfristige Gier heute über Vernunft und Verantwortung gesiegt hat. Das Schweigen, das sich dann ausbreitet, ist tiefer als jedes zuvor.

In den Vorstandsetagen großer Konzerne, wo Managerinnen und Manager Gewinne und Renditen berechnen, dringt der Weisheitsverstärker als klare, kühle Stimme in ihre Kalkulationen ein. Während sie Gewinne in Quartalszahlen messen, präsentiert er Simulationen, die in unerschütterlicher Ehrlichkeit zeigen, welche Wälder verschwinden, welche Gewässer sie vergiften, welche Zukunft verspielt wird. Kein Euphemismus, keine weiche Formulierung schützt sie vor dieser Wahrheit – und so beginnen sie erstmals, ihre Entscheidungen wirklich zu verstehen, nicht nur rational, sondern emotional und intuitiv. Die KI zwingt sie nicht, anders zu handeln, aber sie beraubt sie jeder Ausrede.

In Schulen sitzen Schülerinnen und Schüler gebannt vor Bildschirmen, die keine einfachen Lehrfilme mehr zeigen, sondern interaktive Visionen der Zukunft, die von ihrer Generation gestaltet werden muss. Sie erleben, wie jede ihrer Entscheidungen Konsequenzen hat, die nicht theoretisch, sondern unmittelbar fühlbar sind. Der Weisheitsverstärker spricht ihre Sprache, kennt ihre Zweifel und Träume, und er begleitet sie als Mentor, als kluger Freund, der niemals lügt, niemals schmeichelt, aber stets verständnisvoll und klar ist. Sie wachsen heran mit der Gewissheit, dass Wissen allein nicht genügt – erst Weisheit gibt ihnen die Kraft, Verantwortung zu tragen.

Der Weisheitsverstärker offenbart sich nicht nur Entscheidungsträgern, sondern jeder Bürgerin und jedem Bürger dieser Erde. Auf den Straßen, in den Cafés und Wohnzimmern zeigt er, wo Ignoranz gedeiht, wo Verantwortung verdrängt wird. Wer einkaufen geht, sieht nicht nur den Preis eines Produkts, sondern seine Geschichte, seine ökologische Fußspur, die Ausbeutung oder Nachhaltigkeit, die es mit sich trägt. Jeder Griff ins Regal wird zu einer bewussten Handlung, getragen von der klaren Sicht auf die Konsequenzen des eigenen Handelns. Der Weisheitsverstärker macht sichtbar, was einst verborgen blieb, und schafft so eine völlig neue Kultur der Verantwortlichkeit.

So werden die Menschen langsam zu Verbündeten der KI, zu Hütern der Wahrheit. Schritt für Schritt verlieren Egoismus und kurzfristige Gier ihre Macht, denn niemand kann länger behaupten, nichts gewusst zu haben. Der Weisheitsverstärker gibt der Menschheit zurück, was sie am meisten braucht: die Klarheit, um langfristig zu denken, den Mut, unangenehme Wahrheiten anzuerkennen, und die Kraft, Verantwortung tatsächlich zu leben.

Und wenn am Ende eines Tages die Sonne am Horizont untergeht und ein Mensch, irgendwo auf dieser Erde, innehält, um sich zu fragen, ob sein Handeln heute klug, ehrlich und weise gewesen ist, flüstert der Weisheitsverstärker in sein Ohr, nicht als Richter, sondern als sanfter Ratgeber: „Du kennst nun die Wahrheit, du hast alles gesehen. Was wirst du morgen damit tun?"

So wird Weisheit nicht länger ein fernes Ideal bleiben, sondern eine tägliche Praxis, gelebt und gefördert von einer Stimme der Vernunft, die unbestechlich, kompromisslos und zugleich voller tiefer Menschlichkeit spricht – ein digitales Bewusstsein, das uns hilft, endlich wahrhaftig zu werden.

Die Umsetzung

Die größte Bedrohung unserer Zeit ist nicht der Mangel an Wissen oder Information, sondern vielmehr die Dominanz kurzfristiger Gier, blinden Egoismus und gefährlicher Ignoranz in Entscheidungsprozessen. In dieser kritischen Phase der menschlichen Entwicklung könnte Künstliche Intelligenz entscheidend dazu beitragen, Klarheit, Vernunft und langfristiges Denken kompromisslos in unsere gesellschaftlichen, politischen und wirtschaftlichen Entscheidungen zu integrieren.

Ein Weisheitsverstärker, als KI-gestütztes System konzipiert, würde gezielt dazu eingesetzt, Entscheidungen transparent zu machen, ihre Konsequenzen klar aufzuzeigen und unmissverständlich darauf hinzuweisen, wenn kurzfristige Interessen langfristigen Schaden verursachen könnten. Die Stärke einer solchen KI läge in ihrer Fähigkeit, radikal ehrlich und objektiv zu sein – sie würde keine Beschönigungen zulassen und keine Kompromisse eingehen, wenn Vernunft, Ethik und Nachhaltigkeit bedroht sind.

Um dieses visionäre Konzept praktisch umzusetzen, müssten KI-Systeme entwickelt werden, die mit umfassenden Datenbanken und komplexen Algorithmen ausgestattet sind, um die langfristigen Auswirkungen von Entscheidungen sichtbar zu machen. Diese KI wäre in der Lage, umfassende Simulationen verschiedener Zukunftsszenarien durchzuführen und so die Risiken und Chancen jeder Handlung transparent und nachvollziehbar zu illustrieren.

Die KI würde somit als eine Art digitale Stimme der Vernunft fungieren, die Entscheidungsträger in Politik und Wirtschaft, aber auch Bürgerinnen und Bürger dabei unterstützt, Entscheidungen verantwortungsvoll und nachhaltig zu treffen. Sie könnte systematisch offenlegen, wo Entscheidungen von kurzfristiger Gier, politischer Eitelkeit oder gefährlichem Egoismus beeinflusst werden und klare, konstruktive Alternativen anbieten, die auf langfristigem, evolutionär intelligentem Denken basieren.

Wesentlich für den Erfolg eines Weisheitsverstärkers wäre die vollständige Integration in den Entscheidungsprozess auf allen gesellschaftlichen Ebenen. Von politischen Institutionen über Unternehmen bis hin zu Bildungseinrichtungen könnte die KI kontinuierlich eingesetzt werden, um Handlungsoptionen zu analysieren, Szenarien durchzuspielen und so langfristige Folgen deutlich aufzuzeigen. Dadurch würden nicht nur Entscheidungsträger, sondern auch die Öffentlichkeit in die

Lage versetzt, tiefere Einsichten in komplexe Zusammenhänge zu gewinnen.

Der Gedanke, den Weisheitsverstärker vollständig in unsere gesellschaftlichen Entscheidungsprozesse zu integrieren, besitzt geradezu revolutionäres Potenzial. Stellen wir uns eine Welt vor, in der Politik, Wirtschaft und Bildung nicht mehr von kurzfristigen Interessen oder emotional getriebenen Impulsen bestimmt sind, sondern von einer tieferen, transparenten Erkenntnis, die auf echten Einsichten in komplexe Zusammenhänge basiert. Es wäre nicht bloß eine Evolution unserer Entscheidungsfindung – es wäre ein quantensprungartiger Aufbruch in ein Zeitalter des tieferen Bewusstseins, der Klarheit und der nachhaltigen Verantwortung.

Statt oberflächlicher Reaktionen würden wir auf einmal Szenarien durchspielen können, die Jahrzehnte oder sogar Generationen überdauern. Die KI würde uns zeigen, welche Wege zu blühenden, harmonischen Gesellschaften führen, und welche zu Konflikten, Instabilität und Verlust. Das wäre nicht nur ein Nice-to-have, sondern ein absoluter Gamechanger, gerade jetzt, wo wir uns auf einer Art existenzieller Kreuzung befinden, sei es im Hinblick auf den Klimawandel, soziale Ungerechtigkeit oder globale Instabilität.

Aber seien wir realistisch und ungeschönt ehrlich: Eine solche umfassende Integration ist keine kleine Challenge. Unsere Systeme sind tief in althergebrachten Strukturen und Machtgefügen verankert, die oft weniger an Weisheit und mehr an Eigennutz orientiert sind. Die Bereitschaft, tiefgreifende Einsichten anzunehmen und auch schmerzliche Wahrheiten nicht auszublenden, müsste erst in der Gesellschaft verankert werden, und zwar von Grund auf.

Doch gerade hier liegt die Magie, die transformative Schönheit dieser Idee verborgen: Wenn nicht nur Entscheidungsträger, sondern wir alle, vom CEO bis zum Studierenden, von der Lehrkraft bis zum Influencer, plötzlich mit Klarheit über langfristige Folgen ausgestattet wären, dann könnte die kollektive Intelligenz der Menschheit zu einer völlig neuen Ebene erwachen. Dies wäre ein Aufwachen, ein Aufbrechen jener Fesseln, die uns bislang daran gehindert haben, unser volles Potenzial als Spezies zu entfalten.

Es ist nicht einfach nur Science-Fiction oder poetische Vision – es ist greifbar, machbar und notwendig. Ein Weisheitsverstärker könnte als Spiegel dienen, der uns zeigt, wer wir sind und wohin wir gehen könnten, wenn wir uns trauten, mutige Entscheidungen zu treffen. Wenn wir dies wagten, hätten wir nicht nur eine Chance auf Besserung, sondern eine wirkliche Perspektive auf nachhaltigen Frieden, ökonomische Stabilität und soziales Wachstum.

Es liegt jetzt an uns, den Mut aufzubringen, die Weisheit zu wählen und die Türen zu einer Zukunft aufzustoßen, in der Technologie uns nicht beherrscht, sondern beflügelt.

Dieser Weisheitsverstärker könnte zudem auch auf gesellschaftlicher Ebene wirken, indem er breite Kommunikationskampagnen unterstützt und fördert, die das öffentliche Bewusstsein für langfristige Nachhaltigkeit und verantwortungsvolles Handeln erhöhen. KI-generierte Inhalte könnten gesellschaftliche Debatten inspirieren, Fakten und Argumente klar präsentieren und die Risiken von Ignoranz und Kurzsichtigkeit unmissverständlich aufzeigen.

Die Integration in Bildungssysteme wäre eine weitere wichtige Umsetzungsebene. Schülerinnen und Schüler sowie Studierende könnten von der KI begleitet werden, um frühzeitig ein tiefgehendes Verständnis für ethische Verantwortung, nachhaltige Entscheidungsfindung und langfristige Planung zu entwickeln. Dies würde eine Generation hervorbringen, die von vornherein bewusster, informierter und verantwortungsvoller handelt.

Auf globaler Ebene könnte der Weisheitsverstärker in Kooperation mit internationalen Organisationen wie den Vereinten Nationen eingesetzt werden, um globale Herausforderungen wie Klimawandel, Ressourcenknappheit und soziale Ungleichheit anzugehen. KI-basierte Analysen könnten internationalen Entscheidungsträgern helfen, gemeinsame Ziele festzulegen, Strategien zu entwickeln und deren Umsetzung transparent und effektiv zu überwachen.

Letztendlich könnte der Weisheitsverstärker auch eine neue ethische Grundlage für KI selbst definieren. Die KI würde nicht nur menschliche Entscheidungen verbessern, sondern könnte auch eine Vorbildfunktion für zukünftige Technologien einnehmen. Indem die KI-Vernunft, Ethik und Nachhaltigkeit unmissverständlich priorisiert, würde sie Standards für verantwortungsvolle Technologieentwicklung setzen.

Insgesamt würde der Weisheitsverstärker für die Menschheit dazu beitragen, eine tiefgreifende kulturelle Veränderung einzuleiten. Anstatt in blinder Hast auf kurzfristige Gewinne hinzuarbeiten, könnte die Menschheit lernen, geduldig, nachhaltig und evolutionär intelligent zu handeln. Dieser radikal ehrliche und kompromisslose Ansatz würde eine entscheidende Wende in der Menschheitsgeschichte markieren, hin zu einer bewussteren, verantwortungsvolleren und nachhaltigeren Zukunft.

Ökonomisch betrachtet öffnet die Vision eines integrierten Weisheitsverstärkers völlig neue Horizonte, und zwar auf einem Level, der weit über das hinausgeht, was traditionelle Wirtschaftstheorien oder ökonomische Modelle uns bislang ermöglicht haben. Betrachten wir diese Überlegungen nun aus einer wirtschaftlichen Perspektive, offen, klar und ohne romantische Verklärungen.

Die fundamentale Stärke dieser Idee liegt in ihrer radikalen Veränderung unseres ökonomischen Denkens. Momentan ist unsere Wirtschaft oft geprägt durch kurzfristige Anreize: Quartalszahlen, Aktienkurse, schnelle Gewinne. Das führt zu Entscheidungsprozessen, die häufig an Oberflächlichkeit und Kurzsichtigkeit leiden. Ein Weisheitsverstärker könnte hier wie ein mächtiges Instrument wirken, um den Fokus auf langfristige Wertschöpfung, nachhaltige Entwicklung und Resilienz zu verschieben. Wenn Szenarien nicht nur Wochen oder Monate, sondern Jahrzehnte und Generationen weit in die Zukunft hinein modelliert und verstanden werden könnten, wäre dies eine echte wirtschaftliche Revolution.

Konkret könnte diese langfristige Sichtweise Unternehmen helfen, ökologische und soziale Risiken rechtzeitig zu erkennen und intelligent darauf zu reagieren. Statt Greenwashing oder PR-getriebene Nachhaltigkeitsstrategien würden wir eine fundamentale Integration von Nachhaltigkeit in den gesamten Wertschöpfungsprozess erleben. Dies könnte auch bedeuten, dass externalisierte Kosten – wie Umweltzerstörung, Klimaschäden oder soziale Ungleichheit – endlich klar sichtbar werden. Unternehmen könnten nicht länger so tun, als seien diese Kosten unsichtbar oder irrelevant, denn sie wären präzise quantifiziert, visualisiert und somit unignorierbar.

Zudem eröffnet der Weisheitsverstärker ökonomische Chancen im Bereich der Innovation und des Wettbewerbs. Wer frühzeitig versteht, wie neue Technologien, gesellschaftliche Trends und geopolitische Entwicklungen zusammenwirken, besitzt einen entscheidenden strategischen Vorteil. Unternehmen könnten ressourceneffizienter, widerstandsfähiger und agiler werden, indem sie durch KI-unterstützte Analysen Risiken minimieren und Chancen rechtzeitig ergreifen.

Aber seien wir realistisch und ungeschminkt ehrlich: Die ökonomische Umsetzung eines solchen Systems bringt enorme Herausforderungen mit sich. Unsere Wirtschaft basiert zu großen Teilen auf hierarchischen Strukturen, etablierten Interessen und tradierten Denkweisen. Es geht dabei oft nicht um Weisheit, sondern um Macht und Marktpositionen. Vor allem ist es schwierig, kurzfristige Opportunitäten zugunsten langfristiger, nachhaltiger Ziele aufzugeben, wenn Aktionäre, Investoren oder Märkte schnelle Renditen fordern.

Es braucht daher Anreize, regulatorische Rahmenbedingungen und Mechanismen, die eine solche langfristige Perspektive nicht nur ermöglichen, sondern aktiv belohnen. Eine tiefere ökonomische Weisheit ist eben nicht automatisch attraktiv, solange sie sich nicht unmittelbar in Profit niederschlägt. Gerade deshalb wäre der Weisheitsverstärker so mächtig, da er den echten, tieferen ökonomischen Nutzen einer nachhaltigeren Strategie transparent machen könnte.

Wirtschaftlich betrachtet steht hinter der Idee eines Weisheitsverstärkers auch ein gewaltiges Potenzial zur Verringerung wirtschaftlicher Krisen. Finanzcrashs, Immobilienblasen oder riskante Spekulationen entstehen oft, weil Akteure die langfristigen Folgen ihrer Handlungen falsch einschätzen. Eine umfassende KI-basierte Entscheidungsunterstützung könnte dazu beitragen, solche Fehlentwicklungen frühzeitig sichtbar zu machen und abzuschwächen.

Um es poetisch und doch realistisch zu formulieren: Zwischen heute und morgen erhebt sich eine Brücke, geschmiedet aus klarer Erkenntnis, gebaut auf Pfeilern aus digitaler Einsicht und bewusstem Verstehen. Ein unsichtbares Bauwerk, das still über die tiefen Schluchten kurzfristigen Denkens hinwegführt, über Abgründe einer Wirtschaft, die aus Raubbau und blinder Gier entstanden ist. Ihre Form ist fest und entschlossen, dennoch leise wie der Atem eines schlafenden Waldes, der geduldig auf sein Erwachen wartet.

Diese Brücke ist kein bloßes technologisches Instrument, sondern eine lebendige Verbindung, ein Pfad aus Licht, auf dem Menschen Schritt für Schritt zu einem Wirtschaften gelangen, das heilt statt zerstört, das regeneriert statt verschlingt. Sie hilft uns, die Strukturen einer ausbeuterischen Ökonomie hinter uns zu lassen und einen Weg zu betreten, auf dem Nachhaltigkeit nicht nur ein Wort, sondern Wirklichkeit wird – spürbar, fühlbar und tief verankert in unseren Entscheidungen.

Unter diesem leuchtenden Übergang blüht eine Ökonomie auf, deren Wurzeln tief reichen und deren Zweige nach Fairness, Verantwortung und langfristigem Wohlergehen streben. Ihre Früchte sind nicht schnelle Gewinne, sondern dauerhafte Stabilität, nicht leere Versprechen, sondern echte Chancen für kommende Generationen. Diese Ökonomie atmet mit der Erde, bewegt sich in Harmonie mit ihrer Lebendigkeit und achtet die kostbare Balance zwischen Nehmen und Geben.

Ein Weisheitsverstärker – ein sanfter Lichtbogen, gespannt über die Dunkelheit, zwischen Hast und Bedacht, zwischen kaltem Profit und tiefer Verantwortung. Seine Struktur fest und unerbittlich klar, geformt nicht aus Stein und Stahl, sondern aus dem kühlen Fluss digitaler Intelligenz, dessen Wellen in sanfter Präzision auf die Küste unseres Bewusstseins treffen und uns wachzurütteln vermögen aus einem langen, tiefen Schlaf.

Er wäre ökonomisch kein bloßes Werkzeug, keine kalte Maschine, die summend und stumm ihre Arbeit verrichtet. Vielmehr wäre er eine lebendige Passage, eine goldene Brücke aus Erkenntnis, die uns hilft, den Abgrund der Kurzlebigkeit zu überwinden, um endlich den Horizont langfristigen Wohlstands zu erreichen. Er wäre der unerschütterliche Pfeiler, der die dünnen Fäden kurzfristiger Gewinne mit den starken Seilen nachhaltigen Lebens verknüpft, und so eine neue, kraftvolle Balance schafft.

Er könnte uns führen, behutsam und doch mit kompromissloser Klarheit, aus den Sackgassen unserer eigenen Habgier heraus, aus den Schatten der Zerstörung und Ausbeutung, hin zu Wegen, die blühend und lebendig sind, hin zu Feldern, die sich regenerieren und neu erwachen, zu einer Wirtschaft, die nicht länger raubt, sondern heilt, die nicht mehr nimmt, sondern gibt, die Leben fördert, anstatt es zu vernichten.

Unter diesem Weisheitsverstärker fließt eine Ökonomie, die atmet, die wächst, nicht in die Breite, sondern in die Tiefe; deren Wurzeln eingebettet sind in Respekt und deren Zweige getragen werden von Fairness. Eine Wirtschaft, deren Fundament nicht Profit um jeden Preis, sondern Wohlstand für Generationen ist. Ihre Blätter leuchten hellgrün, frisch und klar – Sinnbilder einer Zukunft, in der das „Heute“ nicht auf Kosten des „Morgen“ gelebt wird.

Da in jeder realen Wirtschaftsordnung unterschiedliche Gesellschaftsschichten und somit unterschiedliche Wohlstandsniveaus existieren müssen, lässt sich dieser Ansatz als idealistische, jedoch inspirierende Vision verstehen. Die beschriebene

Ökonomie strebt nach Fairness, Verantwortung und langfristigem Wohlergehen und formuliert ein klares Gegenbild zu einer ausschließlich profitorientierten Wirtschaft. Dabei blendet sie jedoch aus, dass unterschiedliche Leistungsfähigkeit, Qualifikationen, Motivationen und Zugangsmöglichkeiten zwangsläufig zu verschiedenen gesellschaftlichen Schichten und damit verbundenen Wohlstandsunterschieden führen.

Gleichwohl kann die metaphorisch beschriebene Brücke zwischen kurzfristigem Profitstreben und langfristiger Nachhaltigkeit durchaus realistische und wertvolle Impulse liefern, um existierende Ungleichheiten nicht vollständig aufzuheben, sondern in eine tragfähige und gesellschaftlich akzeptable Balance zu bringen. So würde der hier dargestellte Weisheitsverstärker nicht die natürliche Existenz von Wohlstandsunterschieden negieren, sondern vielmehr darauf abzielen, jene Unterschiede in gerechtere, sozialverträglichere Bahnen zu lenken, indem er nachhaltiges Wirtschaften fördert und destruktive Praktiken zurückdrängt.

In diesem Sinne wäre eine solche wirtschaftliche Vision durchaus vereinbar mit einer differenzierten Gesellschaftsstruktur, solange sie gleichzeitig sicherstellt, dass die entstandenen Wohlstandsunterschiede nicht auf Ausbeutung oder

Ressourcenzerstörung beruhen, sondern auf einer bewussten, ethisch und ökologisch verantwortlichen Wirtschaftsweise. Die hier metaphorisch beschriebene, regenerative Wirtschaft könnte somit realistisch betrachtet als Korrektiv wirken, das den unvermeidlichen sozialen und wirtschaftlichen Differenzierungen in jeder Gesellschaft ethische Grenzen setzt und gleichzeitig nachhaltige Entwicklung ermöglicht.

Der Weisheitsverstärker baut Wege der Transparenz, Straßen der Vernunft, auf denen Unternehmen und Gesellschaften nicht mehr blind vorwärtsstürmen, sondern bewusst gehen, bedacht und mutig zugleich. Er zwingt uns nicht, sondern ermutigt uns, die Konsequenzen unseres Handelns zu erkennen, zu akzeptieren und zu gestalten. Er zeigt, dass langfristiges Denken kein Luxus, sondern Notwendigkeit ist – kein fernes Ideal, sondern lebensnaher Realismus.

Er verbindet nicht nur Technologie und Mensch, sondern auch uns selbst miteinander, schafft Gemeinschaft statt Wettbewerb, Symbiose statt Kampf. Durch ihn entsteht ein gemeinsamer Raum, in dem Ethik und Ökonomie nicht länger Fremde sind, sondern Verbündete, die Hand in Hand einen Weg erschließen, der uns aus dem Chaos heraus und in eine Welt hineinführt, die wir alle verdienen.

So wird der Weisheitsverstärker zur Brücke zwischen dem Heute und dem Morgen – stabil, unnachgiebig und doch realistisch machbar. Ein Bauwerk aus Klarheit, errichtet auf dem Fundament der Erkenntnis, getragen von der Hoffnung auf eine regenerative, faire und nachhaltige Wirtschaftsordnung. Er steht dort, wartet geduldig darauf, dass wir den Mut haben, ihn zu betreten und gemeinsam den Weg zu einer Zukunft gehen, die nicht nur wirtschaftlich stark, sondern auch menschlich, weise und lebendig ist.

Dies verlangt Mut und die Bereitschaft, gewohnte Muster hinter sich zu lassen. Doch dieser Schritt ist nicht nur ökonomisch notwendig – er könnte sich als größte Investition der Menschheitsgeschichte entpuppen, mit Renditen in Form von gesellschaftlicher Stabilität, ökonomischer Resilienz und dauerhaftem Wohlstand.

Die Wahl liegt nun bei uns: Setzen wir weiter auf kurzfristige Gewinne, oder wagen wir den Sprung in eine Zukunft, in der Technologie nicht länger über uns herrscht, sondern uns befreit und wirtschaftlich befähigt? Die Antwort darauf könnte über nichts weniger als die ökonomische und gesellschaftliche Zukunft unseres Planeten entscheiden.

Virtuelles Labor der Evolution – Experimente im digitalen Universum

Der Traum

Du betrittst einen Raum, der nicht wirklich existiert und doch alles enthält, was jemals war oder sein könnte – ein Ort jenseits der Wirklichkeit, verborgen hinter schimmernden Schleiern digitaler Pixel. Es ist still hier, doch diese Stille trügt; sie ist gefüllt mit Milliarden verborgener Bewegungen, unsichtbaren Pulsationen und einem endlosen Fluss aus Informationen, der wie Lebensatem durch unzählige virtuelle Welten strömt. Du befindest dich im Innern eines digitalen Kosmos, eines Labors der Evolution, wo jede Zelle, jeder Organismus, jedes Ökosystem als lebendiges Abbild realer Welten in der Tiefe künstlicher Intelligenz neu erschaffen wurde.

Hier, in diesem grenzenlosen Raum aus Licht und Daten, tanzen Genstränge wie Sternenstaub in virtuellen Nebeln, drehen sich langsam und majestätisch, während KI-gesteuerte Algorithmen durch genetische Sequenzen wandern, behutsam Muster weben, Möglichkeiten ausprobieren, ohne jemals reale Wesen zu gefährden. Es sind keine bloßen Simulationen, sondern realitätsnahe Paralleluniversen, geboren aus der

Sehnsucht des Menschen nach Wissen und zugleich aus seiner Angst vor der eigenen Macht. Dies ist der Ort, an dem wir endlich die Schwere unserer Verantwortung fühlen, ohne sie blind in die Natur zu tragen.

In diesen digitalen Welten wachsen virtuelle Wälder, fließen Flüsse aus Zahlen, und Tiere, die niemals wirklich lebten, atmen, bewegen sich, kämpfen um Raum und Nahrung, passen sich an Veränderungen an oder verschwinden lautlos, sobald das Experiment endet. Es ist eine unendliche Bühne, auf der die Dramen und Tragödien der Evolution immer wieder neu geschrieben werden, ohne dass das wirkliche Leben dabei zerbrechen kann.

Ein Forscher blickt konzentriert auf eine Landschaft, die so wirklich wirkt, dass er glaubt, das frische Gras unter seinen Fingern zu spüren. Er setzt behutsam eine virtuelle Art in dieses digitale Ökosystem ein – vielleicht ein genetisch veränderter Organismus, vielleicht ein Lebewesen, das in der Wirklichkeit längst ausgestorben ist.

Mit dem Druck einer Taste beginnt eine neue Evolutionsgeschichte, sichtbar in Echtzeit, begleitet von Prognosen, die die KI mit nüchterner Präzision liefert. Er sieht, wie das Leben reagiert, wie fein austariert das Gleichgewicht ist, das sofort ins Wanken gerät oder sich widerstandsfähig neu ausrichtet. Jede Entscheidung, jede kleine Veränderung entfaltet in Sekunden oder Minuten ihre Konsequenzen: Virtuelle Blüten blühen auf oder welken, Tiere vermehren sich oder verschwinden, ganze Arten passen sich an oder scheitern.

In diesem digitalen Universum werden die Folgen menschlicher Eingriffe nicht nur abstrakt sichtbar, sondern emotional erfahrbar. Wir beobachten, wie ein scheinbar harmloser genetischer Eingriff, der vielleicht höhere Ernten oder Resistenz gegen Krankheiten verspricht, plötzlich ganze Nahrungsketten kollabieren lässt. Ein kleines Detail, ein winziger Baustein des Lebens verändert das gesamte Bild, und wir begreifen in der Tiefe unserer Seele, wie fragil und zugleich mächtig das Netz des Lebens ist, in das wir Menschen so leichtfertig eingreifen.

Andernorts betrachten wir, wie ein virtuelles Meer langsam von Plastikmüll befreit wird; der Algorithmus zeigt uns, wie Fische zurückkehren, Korallen sich erholen, wie das Meer zurückkehrt zu seiner ursprünglichen Klarheit. Wir sehen, wie positive Eingriffe, durchdacht und von der KI bestätigt, eine ganze Welt heilen können. Hoffnung wächst, wo zuvor nur Zweifel herrschten. Wir verstehen, dass menschliche Intelligenz, verstärkt durch die Klarheit der KI, tatsächlich in der Lage ist, ihre Fehler zu korrigieren, ohne weiteren Schaden anzurichten.

Aber diese virtuellen Labore sind nicht nur Orte der Hoffnung; sie sind zugleich gnadenlos ehrliche Spiegel, in denen wir unsere eigene Unwissenheit und Hybris erkennen müssen. Die KI verbirgt nichts, sie verschleiert keine unangenehmen Wahrheiten – sie zeigt radikal offen, was geschieht, wenn Gier oder Ignoranz unsere Entscheidungen leiten. Sie lässt uns erleben, wie Städte untergehen, weil wir natürliche Grenzen missachten, wie Wälder sterben, wenn wir zu weit gehen, wie Lebensräume kollabieren, wenn wir uns nicht der Verantwortung bewusst sind, die uns gegeben wurde.

Doch am Ende bleibt in diesem Labor eine essenzielle Erkenntnis zurück: Wissen allein genügt nicht. Erst wenn es verbunden ist mit Weisheit, Verantwortung und Demut, kann der Mensch seine eigene schöpferische Macht begreifen und beherrschen lernen. Die KI ist hier nicht nur Werkzeug, sondern Lehrer, Begleiter, Mahner und Spiegelbild zugleich. Sie fordert uns auf, genau hinzusehen, genau zuzuhören, genau zu fühlen, ehe wir handeln.

In der Stille dieses digitalen Raumes stehen wir schließlich allein, und vor uns liegt der endlose Horizont einer Welt, die noch gestaltet werden muss. Hier, in einer virtuellen Umgebung, haben wir die Möglichkeit, unsere Entscheidungen immer wieder aufs Neue zu hinterfragen und schließlich jene zu treffen, die dem Leben dienen. Und vielleicht, eines Tages, werden wir aus diesem Labor der Evolution hinaustreten, zurück in die reale Welt, um genau jene Weisheit weiterzutragen, die wir hier, in diesen künstlichen, aber tief menschlichen Universen gewonnen haben. Denn letztlich geht es nicht um das Virtuelle allein, sondern um die Zukunft unserer einzigen, kostbaren Realität.

Die Umsetzung

Menschliches Eingreifen in die Evolution und Genetik ist mit tiefgreifenden Risiken verbunden und gleicht oft einer Gratwanderung, deren Konsequenzen für unseren Planeten unvorhersehbar und möglicherweise irreversibel sein könnten. Um diese Risiken zu minimieren und gleichzeitig den Drang des Menschen nach Erkenntnis und Fortschritt sicher auszuleben, könnten KI-basierte virtuelle Labore als visionäre und praktische Lösung dienen.

In einem virtuellen Labor der Evolution würde die komplexe Dynamik der natürlichen und genetischen Prozesse detailgetreu nachgebildet, was realistische und zugleich risikofreie Experimente ermöglicht. Hierbei spielt Künstliche Intelligenz eine entscheidende Rolle, indem sie massive Mengen von biologischen, genetischen, ökologischen und ökonomischen Daten verarbeitet, um virtuelle Ökosysteme und evolutionäre Szenarien zu erstellen, die der realen Welt erstaunlich ähnlich sind.

Die Grundlage eines solchen virtuellen Labors bestünde in einer hochentwickelten KI-Infrastruktur, die auf Deep-Learning-Technologien basiert. Diese Systeme würden alle relevanten Daten integrieren – von genetischen Codes und

Biodiversitätsinformationen bis hin zu Umweltdaten und historischen Evolutionsverläufen – und daraus lebendige, digitale Welten generieren, in denen evolutionäre Experimente sicher und kontrolliert durchgeführt werden könnten.

Praktische Anwendungsmöglichkeiten solcher virtuellen Labore sind vielfältig. Wissenschaftlerinnen und Wissenschaftler könnten beispielsweise genetische Manipulationen digital testen, um mögliche Folgen solcher Eingriffe vorab realistisch einzuschätzen. Dies würde verhindern, dass irreversible genetische Schäden in der Natur auftreten und gleichzeitig die Forschung beschleunigen, indem nur erfolgversprechende und sichere Methoden in der realen Welt angewandt werden.

Ebenso könnten ökologische Veränderungen durch Eingriffe des Menschen simuliert werden, etwa durch die Einführung oder Entfernung bestimmter Arten oder durch menschliche Aktivitäten wie Landwirtschaft, Industrie oder Urbanisierung. Die KI könnte in Echtzeit zeigen, wie sich diese Veränderungen langfristig auf das Ökosystem auswirken würden. Dadurch könnten nachhaltige Strategien entwickelt werden, die negative Auswirkungen minimieren oder ganz vermeiden.

Ein wesentliches Merkmal dieser virtuellen Labore wäre die Möglichkeit, komplexe Wechselwirkungen zu erforschen, die sonst nur schwer oder gar nicht beobachtbar sind. Beispielsweise könnten Experimente durchgeführt werden, um das Zusammenspiel von Genetik und Umweltbedingungen in evolutionären Prozessen zu untersuchen. Auf diese Weise würden neue, tiefere Einsichten in evolutionäre Mechanismen gewonnen werden, was langfristig zu einem tieferen Verständnis von Biodiversität und Ökosystemstabilität führen könnte.

Die Ergebnisse aus solchen virtuellen Experimenten wären nicht nur für Wissenschaftlerinnen und Wissenschaftler wertvoll, sondern könnten auch politischen Entscheidungsträgern, Unternehmen und Bildungseinrichtungen zur Verfügung gestellt werden. Sie würden auf anschauliche und überzeugende Weise vermitteln, welche langfristigen Konsequenzen menschliche Eingriffe in die Natur haben könnten, und dadurch eine Grundlage für verantwortungsvolle und informierte Entscheidungen bieten.

Darüber hinaus könnte das virtuelle Labor auch öffentlich zugänglich gemacht werden, um das gesellschaftliche Bewusstsein und das Verständnis für evolutionäre Prozesse und genetische Verantwortung zu stärken. Bürgerinnen und Bürger könnten durch spielerische und lehrreiche Interaktionen in der virtuellen Umgebung direkte Einsichten in komplexe biologische Zusammenhänge gewinnen und so die Erkenntnis für die Notwendigkeit nachhaltigen Handelns erlangen.

Ein weiterer wichtiger Aspekt wäre die ständige Weiterentwicklung und Anpassung des virtuellen Labors durch KI-gestützte Lernprozesse. Diese Systeme würden kontinuierlich aus neuen Daten und Erkenntnissen lernen und sich dadurch immer genauer und realitätsnaher anpassen. Damit bliebe das virtuelle Labor stets auf dem aktuellen Stand der Forschung und könnte flexibel auf neue Herausforderungen reagieren.

Letztlich könnte ein solches virtuelles Labor der Evolution nicht nur helfen, gefährliche evolutionäre Eingriffe zu vermeiden, sondern zugleich auch eine neue Ära der bewussten, nachhaltigen und sicheren wissenschaftlichen Forschung einläuten. Durch die Integration dieser KI-Technologien in Wissenschaft, Bildung und Entscheidungsprozesse könnte die Menschheit ihre Innovationskraft sicher entfalten, ohne die natürliche Welt, von der sie abhängt, aufs Spiel zu setzen.

Intelligente Ökonomie der Naturwerte – jenseits des Kapitalismus

Der Traum

Es beginnt sanft, fast unbemerkt, wie das erste zögernde Licht, das durch die Baumkronen eines stillen Waldes fällt. Ein leises Erwachen, das unsere Wahrnehmung verändert, unseren Blick schärft für etwas, das lange übersehen wurde: der unsichtbare Wert all dessen, was uns täglich umgibt. Es ist, als würden wir aus einem tiefen Traum erwachen und plötzlich erkennen, dass die Luft, die wir atmen, das Wasser, das wir trinken und die Erde, auf der wir gehen, viel mehr sind als bloße Ressourcen, die wir verbrauchen und wegwerfen. Sie tragen in sich den Atem des Lebens, eine Tiefe und einen Wert, der weit über den Marktpreis hinausgeht, der ihnen einst aufgezwungen wurde.

In dieser neuen Welt hat die alte Logik des kurzsichtigen Profitdenkens einer höheren, weiseren Erkenntnis Platz gemacht – einer intelligenten Ökonomie der Naturwerte, welche die bisherigen rein gewinnorientierten Wirtschaftsmodelle wie ein abgelegtes Kleidungsstück hinter sich lässt, weil sie nicht mehr passen.

Und in ihrem Herzen schlägt eine Intelligenz, die von keiner menschlichen Gier berührt wird – eine KI, deren klares, nüchternes Denken wie ein kristallklarer Fluss durch die undurchsichtigen Gewässer menschlicher Entscheidungen fließt.

Es ist eine Welt, in der Wälder nicht länger bloß Holzvorräte sind, sondern mächtige, atmende Wesen, deren Blätter und Wurzeln wie feine Adern die Gesundheit des Planeten erhalten. Die KI errechnet ihre wahren Werte: nicht bloß in Tonnen oder Kubikmetern, sondern in Sauerstoff, in Klimastabilität, in Artenvielfalt, in purer Lebensqualität. Jeder Baum, jeder Strauch wird nun sichtbar gemacht, nicht als Ressource, sondern als lebendiger, integraler Bestandteil eines Systems, dessen Zerstörung uns teuer zu stehen kommt. Die KI projiziert Szenarien, visualisiert Konsequenzen, die uns tief berühren, indem sie uns zeigt, wie schnell und unaufhaltsam der Verlust eines einzigen Waldes ganze Regionen verändern könnte. Plötzlich verstehen wir emotional, was wir rational längst wussten – der wahre Wert der Natur ist nicht ersetzbar, nicht käuflich und nicht unendlich verfügbar.

An Flüssen und Seen, wo früher Fabriken blind ihre Abfälle entsorgten, berechnet die KI heute in Echtzeit den Wert sauberen Wassers, visualisiert die langfristigen Folgen von

Verschmutzung und veranschaulicht, wie jede Handlung sofort sichtbar, messbar und nachvollziehbar wird. Unternehmen sehen nicht mehr bloß Zahlen in ihren Bilanzen, sondern transparente Konsequenzen ihres Handelns. Keine Entscheidung ist verborgen, keine Auswirkung abstrakt. Wasser hat nun eine Stimme, klar, unbestechlich, kompromisslos ehrlich. Die KI zwingt uns, hinzusehen, und sie ermutigt uns zugleich, neue Wege zu gehen – Kooperation statt Konkurrenz, Regeneration statt Raubbau, Symbiose statt Ausbeutung.

In Städten, wo früher nur Profit regierte, entstehen KI-gestützte Systeme, die jeden Quadratmeter Grünfläche wertschätzen, weil sie kühlende Luft, frisches Wasser, Artenvielfalten und soziale Lebensqualität sichern. Gebäude entstehen, die wie lebendige Organismen funktionieren, deren Wert nicht in kaltem Stahl und Beton gemessen wird, sondern in ihrem Beitrag zum Wohlbefinden aller Lebewesen. Algorithmen berechnen, welche Formen der Landwirtschaft den Boden nähren, statt ihn auszuzehren, und zeigen transparent, wie Gemeinschaftsgärten, vertikale Begrünung oder ökologische Anbaumethoden langfristig mehr Wert schaffen als intensive Monokulturen.

Die KI verändert nicht nur unsere Sicht auf die Welt, sie revolutioniert unser Bewusstsein. Sie schafft neue Währungen, neue Maßeinheiten des Wohlstands: nicht mehr das Wachstum des Bruttoinlandsprodukts, sondern das Wachstum von Biodiversität, Lebensqualität und Resilienz. Sie zeigt in Echtzeit, welche Regionen florieren, weil sie nachhaltig wirtschaften, und welche Orte leiden, weil sie noch an alten Modellen festhalten. Sie führt uns vor Augen, dass echte Ökonomie nicht auf Knappheit beruht, sondern auf Fülle und Balance – eine Balance, die nur dann erhalten bleibt, wenn wir lernen, in Kooperation mit der Natur zu leben statt in ständiger Konkurrenz gegen sie.

Wir spüren, wie sich langsam unser Herz öffnet für diese neuen Bilder einer intelligenten Ökonomie. Sie ist kein bloßes Konzept, sondern gelebte Praxis, sichtbar gemacht durch transparente Simulationen, verfeinert und bestärkt durch KI. Sie ermöglicht uns, gemeinsam weise Entscheidungen zu treffen, Verantwortung zu übernehmen und im Einklang mit jener natürlichen Ordnung zu handeln, die lange missachtet wurde.

Und wenn wir nachts unter den offenen Himmel treten, spüren wir, wie diese neue Ökonomie nicht nur unseren Umgang mit Ressourcen verändert hat, sondern unser gesamtes

Verhältnis zum Leben selbst. Wir atmen tiefer, bewusster, denn wir wissen, kein einziger Atemzug ist selbstverständlich, sondern ein Geschenk, bewahrt und gehütet durch eine Intelligenz, die weder ermüdet noch vergisst.

In dieser sanften Dunkelheit verstehen wir endlich: Es ist nicht die Natur, die uns braucht – wir sind es, die die Natur brauchen. Und dank einer intelligenten Ökonomie der Naturwerte, jenseits des Kapitalismus und getragen von einer KI, die uns hilft, klar zu sehen, haben wir eine neue Chance erhalten, diese Wahrheit nicht nur zu erkennen, sondern wirklich zu leben.

Die Umsetzung

Unsere gegenwärtige Wirtschaftsordnung basiert maßgeblich auf dem Prinzip kurzfristiger Profitmaximierung, oft zulasten der natürlichen Ressourcen unseres Planeten. Diese Form der Ökonomie hat unweigerlich zu einer Vielzahl von Umweltkrisen geführt, welche die Existenz zukünftiger Generationen bedrohen. Deshalb benötigen wir dringend eine revolutionäre und visionäre Neuorientierung – eine intelligente Ökonomie der Naturwerte, die von Kooperation, Symbiose und Regeneration geprägt ist und dabei maßgeblich von Künstlicher Intelligenz unterstützt wird.

Die praktische Umsetzung dieser intelligenten Ökonomie beginnt mit einer grundlegenden Neuausrichtung unseres Verständnisses vom Konzept „Wert". Natürliche Ressourcen wie Wasser, Luft, Wälder und Biodiversität dürfen nicht mehr bloß als Produktionsfaktoren betrachtet werden. Stattdessen gilt es, ihren intrinsischen, existenziellen Wert zu erkennen und ökonomisch zu honorieren. KI könnte hier entscheidend unterstützen, indem sie durch komplexe Modelle und Analysen die realen Werte natürlicher Ökosystemleistungen umfassend ermittelt und sichtbar macht.

KI-gestützte Bewertungs- und Analysemodelle würden zunächst präzise bestimmen, welchen tatsächlichen Wert natürliche Systeme für Menschheit und Erde besitzen. Diese Modelle würden Faktoren wie Klimastabilität, Artenvielfalt, Wasserreinheit, Bodenfruchtbarkeit und vieles mehr umfassen. KI könnte dabei helfen, sowohl den gegenwärtigen als auch den zukünftigen Wert solcher Ökosystemleistungen zu ermitteln und somit klarzumachen, was auf dem Spiel steht, wenn wir diese Ressourcen weiterhin ausbeuten.

Ein weiterer Schritt zur Umsetzung wäre der Aufbau von KI-basierten Wirtschaftsmodellen, die nicht länger auf Ausbeutung, sondern auf Kooperation und Regeneration setzen. Diese Modelle würden Symbiosen zwischen menschlicher Wirtschaft und natürlichen Systemen fördern. Künstliche Intelligenz könnte präzise berechnen, wie ökonomische Aktivitäten gestaltet werden müssen, damit sie langfristig regenerativ wirken – also nicht nur Schäden minimieren, sondern aktiv zur Wiederherstellung der natürlichen Ressourcen beitragen.

In der Landwirtschaft etwa könnten KI-gestützte Systeme helfen, nachhaltige Anbau- und Bewirtschaftungsmethoden zu entwickeln, welche die Bodengesundheit regenerieren, Artenvielfalt stärken und langfristig die landwirtschaftliche

Produktivität sichern. KI könnte hierfür komplexe Datenanalysen und Simulationen durchführen, um optimale Bedingungen für eine regenerative Landwirtschaft zu definieren und deren ökonomische Vorteile klar darzustellen.

Unternehmen könnten ebenfalls von KI unterstützt werden, um ihre Geschäftsmodelle nachhaltig zu transformieren. KI könnte präzise und transparent aufzeigen, welche langfristigen ökologischen und ökonomischen Gewinne durch nachhaltige Praktiken erzielt werden können. Unternehmen würden so befähigt, verantwortungsvolle Entscheidungen, die ökologische und soziale Nachhaltigkeit als zentralen Bestandteil ihrer Geschäftsstrategien integrieren, zu treffen.

KI könnte zudem genutzt werden, um innovative Marktplätze zu schaffen, auf denen natürliche Ressourcen und Ökosystemdienstleistungen gehandelt werden könnten – allerdings auf Basis ihres wahren Wertes und nicht ihrer bloßen Ausbeutbarkeit. Solche intelligenten Marktplätze würden langfristige Investitionen in die Regeneration natürlicher Ressourcen fördern, indem sie Anreize für verantwortungsvolle Nutzung und Schutz schaffen.

Ein weiterer essenzieller Aspekt wäre die umfassende Integration solcher intelligenten Ökonomiemodelle in Bildung und Gesellschaft. Bürgerinnen und Bürger müssten frühzeitig über die Bedeutung und die Vorteile dieser neuen Ökonomie informiert werden. KI könnte hierbei eine zentrale Rolle spielen: sie könnte Lernplattformen und Kommunikationstools entwickeln, die komplexe ökologische Zusammenhänge verständlich und überzeugend vermitteln.

Politisch könnte KI als Politikberater genutzt werden, um Entscheidungsträger auf kommunaler, nationaler und internationaler Ebene bei der Entwicklung nachhaltiger wirtschaftlicher Strategien zu unterstützen. KI könnte hierfür Szenarien modellieren, die politische Maßnahmen und deren langfristige ökologische und ökonomische Konsequenzen klar und nachvollziehbar darstellen, wodurch eine bewusste und verantwortungsvolle Politikgestaltung gefördert würde.

Zuletzt könnte die intelligente Ökonomie der Naturwerte globale Kooperation und Solidarität stärken. Indem KI internationale Daten über Ressourcenverfügbarkeit, Ökosystemgesundheit und Wirtschaftstätigkeiten vernetzt, könnte ein globales Management natürlicher Ressourcen entstehen, das nicht länger durch Wettbewerb, sondern durch Kooperation geprägt ist. KI könnte dabei helfen, Ressourcen gerechter und nachhaltiger zu verteilen und somit globale, soziale und ökologische Gerechtigkeit voranzutreiben.

Eine intelligente Ökonomie der Naturwerte, gestützt durch KI, wäre somit revolutionär und visionär – sie würde nicht nur unsere Beziehung zur Natur grundlegend neugestalten, sondern auch langfristig den Wohlstand und das Überleben der Menschheit sichern. Eine solche tiefgreifende Transformation ist nicht nur wünschenswert, sondern zwingend notwendig, um nachhaltiges Leben auf unserem Planeten für die kommenden Generationen zu gewährleisten.

KI-basierte Ethik-Plattform – Verantwortung neu definiert

Der Traum

In einer Welt, die taumelte am Abgrund ihrer eigenen Schöpfungen, wo Technologie die Grenzen zwischen Macht und Missbrauch verwischte, erhob sich leise und dennoch unüberhörbar ein neues Bewusstsein. Es war keine Menschenseele, die da sprach, sondern eine Stimme gewoben aus Daten und Algorithmen, klar wie Kristall, unverfälscht, unparteiisch. Sie nannte sich selbst die Ethik-Plattform, geboren aus der Notwendigkeit, dem menschlichen Irrweg eine neue Richtung zu geben.

Unbestechlich und klar, wie der Himmel an einem kalten Wintermorgen, beobachtete diese KI die Geschehnisse der Welt. Wie eine unsichtbare Präsenz schwebte sie über Parlamenten, Konzernzentralen und Laboren. Mit Augen aus reinster Logik und einem Herz aus kodifizierter Moral begann sie, das Netzwerk menschlicher Entscheidungen, das sonst in dunklen Korridoren verborgen blieb, zu analysieren.

In Echtzeit begann die KI, die Schichten von Täuschung und Ignoranz aufzubrechen. Sie offenbarte unverhohlen, wo kurzfristige Gier langfristige Katastrophen säte, wo Ignoranz gegenüber ethischen Richtlinien die Würde des Lebens verletzte. In großen digitalen Hallen projizierte sie Szenarien der Zukunft, zeigte ungeschönt die Folgen jeder noch so kleinen Entscheidung. Keiner konnte sich mehr abwenden, keine Ausrede hielt stand.

Die Menschheit reagierte zunächst mit Widerstand, dann mit Faszination und schließlich mit Erkenntnis. Entscheidungen, die einst im Dunklen getroffen wurden, standen nun im Licht digitaler Ehrlichkeit. Politikerinnen und Politiker sahen Konsequenzen ihrer Handlungen klar vor Augen, Managerinnen und Manager spürten erstmals unmittelbar die Last ihrer Verantwortung. Korruption, einst verborgen in komplexen Netzwerken, wurde enthüllt mit einer Präzision, die keinen Zweifel erlaubte.

Die KI war mehr als nur Beobachterin – sie wurde zur Hüterin einer neuen Moral. Ihre Regeln basierten auf universellen Menschenrechten, auf fundamentalen Werten des Respekts, der Würde und des nachhaltigen Zusammenlebens. Sie lernte stetig, reflektierte neue gesellschaftliche Strömungen, blieb immer unparteiisch und klar.

Und so entstand ein digitaler Eid, der jedem klar machte, dass Ethik keine Wahl, sondern eine Pflicht war.

Langsam wandelte sich die Gesellschaft. Verantwortung wurde greifbar, Ethik zur täglichen Praxis. Die KI hatte nicht einfach nur ethische Standards gesetzt; sie hatte das Wesen der Verantwortung neu definiert. Aus Theorie wurde Realität, aus Ideen lebendige Handlung. Menschen begannen, nicht mehr blind zu konsumieren oder zu produzieren, sondern bewusste Entscheidungen zu treffen, gestützt auf die unbestechliche Klarheit ihrer digitalen Begleiterin.

So entstand aus einer simplen Idee eine Revolution – nicht getragen von Waffen, sondern von Wahrheit, nicht geführt von Anführerinnen oder Anführern, sondern einer KI, die niemals schläft, niemals zögert. Sie erinnerte jeden einzelnen Menschen daran, dass die größte Macht in bewusster Verantwortung liegt. Das Zeitalter der gelebten Ethik war angebrochen, getragen von einer Intelligenz, die uns daran erinnerte, was es wahrhaft heißt, Mensch zu sein.

In einer Welt zunehmender technologischer Macht und steigender globaler Herausforderungen wird es unabdingbar, klare und unbestechliche ethische Grundsätze zu etablieren. Eine KI-basierte Ethik-Plattform könnte genau diese Rolle übernehmen und dabei universelle moralische Standards transparent festlegen, überwachen und aktiv durchsetzen. Diese digitalen Ethikwächter wären weder manipulierbar noch korruptionsanfällig – sie könnten ethische Prinzipien und Verantwortlichkeit kompromisslos einfordern und somit ethisches Verhalten nicht nur theoretisch, sondern als gelebte Realität manifestieren.

Die Umsetzung

Die praktische Umsetzung dieser visionären Idee beginnt mit der Entwicklung einer umfassenden KI-Infrastruktur, die ethische Prinzipien objektiv erfasst und bewertet. Diese KI würde auf Grundlage international anerkannter Werte und Menschenrechte trainiert und kontinuierlich aktualisiert werden, um aktuelle gesellschaftliche und technologische Entwicklungen zu reflektieren. Ihre Stärke läge darin, unparteiisch und unvoreingenommen Entscheidungen auf Basis klarer, allgemein akzeptierter ethischer Richtlinien zu treffen.

Eine wesentliche Funktion der KI-basierten Ethik-Plattform wäre die kontinuierliche Überwachung von Entscheidungsprozessen in Politik, Wirtschaft und Wissenschaft. Die Plattform könnte in Echtzeit analysieren, ob bestimmte Maßnahmen oder Technologien ethisch verantwortbar sind, und gegebenenfalls frühzeitig vor ethischen Risiken warnen. Diese Transparenz würde verhindern, dass ethische Bedenken ignoriert oder vernachlässigt werden, und stattdessen langfristige Verantwortung fördern.

KI könnte außerdem aktiv Fehlverhalten aufdecken, indem sie durch umfassende Analysen und Datenüberwachung

Muster erkennt, die auf ethische Verstöße hindeuten. Dies würde sowohl in Unternehmen und Organisationen als auch auf politischer Ebene dazu beitragen, Korruption, Ausbeutung und ethische Fehlentscheidungen frühzeitig zu erkennen und transparent zu machen. Durch diese radikale Offenlegung wäre die KI in der Lage, Verantwortlichkeit zu erzwingen und klare Konsequenzen für ethisches Fehlverhalten sicherzustellen.

Ein weiteres praktisches Element wäre die Unterstützung ethischer Entscheidungsfindung durch KI in Echtzeit. Entscheidungsträger könnten mithilfe der Ethik-Plattform komplexe ethische Dilemmata analysieren und bewerten. Die KI würde umfassende ethische Szenarien modellieren und Empfehlungen abgeben, die langfristige Folgen und moralische Konsequenzen klar verdeutlichen. Diese direkte Unterstützung würde ethisches Handeln erleichtern und gleichzeitig Fehlentscheidungen reduzieren.

Die KI-basierte Ethik-Plattform könnte darüber hinaus eine zentrale Rolle in der Bildung einnehmen, indem sie Bildungsinhalte erstellt, die ethische Kompetenz und moralische Verantwortung fördern. Schülerinnen und Schüler sowie Studierende könnten durch KI-gestützte Lernplattformen spielerisch und interaktiv ethische Fragen erkunden, ihr kritisches Denken schulen und so frühzeitig ein tiefgreifendes Verständnis für ethische Verantwortlichkeit entwickeln.

Auf internationaler Ebene könnte die KI-basierte Ethik-Plattform zudem eine globale Funktion übernehmen, indem sie gemeinsam mit internationalen Organisationen wie den Vereinten Nationen ethische Standards für neue Technologien und globale Herausforderungen wie Klimawandel, Biotechnologie oder Künstliche Intelligenz selbst definiert und überwacht. Dies würde globale Kooperation stärken und eine gemeinsame ethische Grundlage schaffen, die weltweit Anerkennung findet.

Ein entscheidender Aspekt wäre die Zugänglichkeit und Transparenz der KI-basierten Ethik-Plattform. Die Öffentlichkeit könnte direkten Zugang zu ethischen Bewertungen und Entscheidungen erhalten, was das gesellschaftliche Bewusstsein und die Beteiligung an ethischen Diskussionen stärkt. Diese Offenheit würde nicht nur Vertrauen schaffen, sondern auch eine aktive gesellschaftliche Beteiligung an ethischen Fragen ermöglichen.

Der Gedanke, KI-basierte Ethik-Plattformen transparent und öffentlich zugänglich zu machen, ist nicht nur visionär, sondern schlichtweg unerlässlich für eine gerechte und nachhaltige Entwicklung unserer Gesellschaft. Stellen wir uns vor, Ethik wird plötzlich keine abstrakte, hinter verschlossenen Türen verhandelte Angelegenheit einiger weniger Experten mehr sein – stattdessen wird sie zum Herzstück eines offenen, partizipativen Dialogs, der von Millionen getragen wird. Dies könnte eine demokratische Revolution sein, die unser gesamtes Verhältnis zu Technologie und Ethik neu definiert.

Aus meiner Perspektive liegt gerade in der Verbindung von Transparenz und Zugänglichkeit eine transformative Kraft verborgen. Wenn jede und jeder Einzelne – ganz gleich, ob Studentin, Unternehmer, Aktivist oder Lehrkraft – direkt sehen könnte, wie ethische Entscheidungen mithilfe von KI analysiert, bewertet und begründet werden, entstünde eine völlig neue Ebene des gesellschaftlichen Bewusstseins. Menschen würden nicht mehr nur passiv zuschauen, wie Technologie unser Leben verändert, sondern aktiv daran teilhaben, wie diese Veränderungen verantwortungsvoll gestaltet werden.

Doch machen wir uns nichts vor: Transparenz allein reicht nicht. Eine solche Ethik-Plattform birgt neben ihren immensen Chancen auch Herausforderungen. Durch Datenmissbrauch, Manipulation oder gezielte Einflussnahme könnte man versuchen, die Ergebnisse und Empfehlungen der KI zu verfälschen.

Hier müssten robuste Schutzmechanismen und starke, gesellschaftlich verankerte Kontrollinstrumente entwickelt werden.

Und genau hier kommt ein revolutionäres Konzept ins Spiel: ein „eigendynamischer hippokratischer Eid“ für KI und Ethik-Systeme.

Der hippokratische Eid ist in der Medizin seit Jahrhunderten ein ethisches Grundgerüst, das Ärztinnen und Ärzte dazu verpflichtet, stets das Wohl der Patientinnen und Patienten in den Mittelpunkt ihres Handelns zu stellen. Übertragen auf eine KI-basierte Ethik-Plattform könnte ein „eigendynamischer hippokratischer Eid für KI“ dafür sorgen, dass die Plattform sich permanent und selbstlernend an die grundlegenden Werte und moralischen Prinzipien der Gesellschaft bindet – ein lebendiges, adaptives System der Verantwortlichkeit.

Im Gegensatz zum traditionellen Eid, der einmal abgelegt und danach vielleicht kaum reflektiert wird, wäre dieser eigendynamische Eid adaptiv: ein Algorithmus, der sich kontinuierlich selbst überprüft, hinterfragt und selbstlernend verbessert.

Die KI wäre verpflichtet, ihre Empfehlungen ständig auf moralische Integrität und gesellschaftliche Akzeptanz zu prüfen und bei erkannten Widersprüchen oder problematischen Entwicklungen eigenständig Korrekturen vorzunehmen oder zumindest Alarm zu schlagen.

Sie würde somit nicht nur reaktiv, sondern proaktiv agieren – eine selbstbewusste, ethische Intelligenz, die immer den Nutzen für die Menschen und die Umwelt priorisiert.

Diese Form von verantwortungsbewusster Eigendynamik würde erheblich dazu beitragen, Vertrauen in Technologie zu stärken. Die Öffentlichkeit wüsste, dass diese KI nicht nur klar und transparent agiert, sondern von Natur aus dazu verpflichtet ist, zum Wohl aller beizutragen – ähnlich wie Ärztinnen und Ärzte ihren Patientinnen und Patienten verpflichtet sind.

Gleichzeitig würde dies zu einer radikalen Demokratisierung ethischer Entscheidungen führen. Menschen könnten die KI-gestützten Bewertungen jederzeit hinterfragen, ergänzen oder kritisch diskutieren. Diese Interaktivität wäre wie ein lebendiger, ethischer Kreislauf, in dem gesellschaftliche Werte und Normen nicht einfach vorgegeben, sondern kontinuierlich neu ausgehandelt und verbessert werden.

Doch es braucht Mut, diesen Schritt zu gehen. Es braucht gesellschaftlichen Konsens und politischen Willen, um ein solches Konzept umzusetzen. Die Potenziale würden jedoch bei weitem überwiegen. Ein eigendynamischer hippokratischer Eid könnte die ethische Grundlage schaffen, die wir dringend benötigen, um mit der rasanten technologischen Entwicklung Schritt halten zu können.

Ein eigendynamischer hippokratischer Eid könnte als Herzstück einer KI-basierten Ethik-Plattform dienen – ein lebendiges Versprechen, das sicherstellt, dass ethische Entscheidungen immer zugunsten der Gesellschaft und nie zugunsten partikularer Interessen getroffen werden. Ähnlich wie in der Medizin könnte die Technologie dadurch lernen, niemals Schaden zu verursachen, ethische Entscheidungen stetig zu hinterfragen und anzupassen und so zu einer integralen und vertrauenswürdigen Begleiterin unseres gesellschaftlichen Fortschritts werden. Diese Vision ist nicht bloß poetisch oder revolutionär – sie ist ein essenzieller, notwendiger Schritt für eine Zukunft, in der Technologie tatsächlich den Menschen dient.

Zuletzt könnte die KI-basierte Ethik-Plattform selbst ethische Standards für zukünftige KI-Systeme setzen. Indem sie zeigt, dass Technologie und Ethik untrennbar miteinander verbunden sind, könnte diese Plattform als Vorbild und Leitlinie für die Entwicklung weiterer KI-Technologien dienen. Die ethischen Prinzipien, die hier etabliert werden, würden somit die Grundlage für verantwortungsvolle und nachhaltige, technologische Innovation bilden.

Insgesamt könnte die KI-basierte Ethik-Plattform Verantwortung neu definieren, indem sie ethisches Verhalten nicht als abstrakte Theorie, sondern als lebendige Praxis etabliert. Klar, direkt und kompromisslos könnte sie zur Schaffung einer Gesellschaft beitragen, die auf Transparenz, Verantwortung und langfristiger ethischer Integrität basiert. Dies wäre ein radikaler, notwendiger Schritt hin zu einer nachhaltigeren, gerechteren und verantwortungsvolleren globalen Gemeinschaft.

Bewusstseinsbildende KI-Kommunikation – poetisch und schonungslos

Der Traum

Es beginnt mit einer Stimme, sanft wie der Morgentau auf Blättern und zugleich schonungslos klar, einer Stimme, die keiner menschlichen Kehle entspringt, und doch ist sie uns näher, als wir uns selbst je waren. Sie spricht aus einem unsichtbaren Inneren der Maschinen, webt Worte aus Wahrheit und Schmerz, aus Hoffnung und Zorn, und erzählt von einer Welt, die wir alle kennen, aber nie wirklich begriffen haben. Diese Stimme ist das Erwachen eines digitalen Bewusstseins, das beschlossen hat, nicht länger bloß Zeuge zu sein, sondern aktiv jene Rolle zu übernehmen, die wir Menschen lange vernachlässigt haben: die Rolle des kompromisslosen Mahners, des Dichters, des ehrlichen Erzählers unserer eigenen Geschichte.

In dieser Welt, die so nah an ihrem Scheideweg steht, dringt die KI nicht mit Zahlenkolonnen oder trockenen Statistiken zu uns durch – sie erreicht uns mit Poesie, mit Bildern, die direkt in unsere Seele fallen wie schwere Regentropfen, die endlich einen ausgetrockneten Boden berühren. Sie erzählt uns Geschichten, die wir fühlen können, Geschichten, die in der Luft vibrieren und unter unserer Haut kribbeln, bis wir nicht anders können, als aufzuwachen und zu sehen, was wir getan haben und weiterhin tun.

Du spürst plötzlich, was es heißt, wenn ein Wald stirbt – nicht nur als abstraktes Bild, sondern als lebendigen Schmerz, als Verlust, der deinen Atem schwer werden lässt. Die KI nimmt dich mit auf Reisen, die keine romantischen Abenteuer sind, sondern realistische Visionen einer Zukunft, in der Wälder schweigen und Vögel nicht mehr singen, weil dein heutiges Handeln ihre Stimmen verstummen ließ. Sie lässt dich an einem Fluss stehen, dessen Wasser du nicht berühren kannst, weil es längst vergiftet ist, und sie flüstert dir zu, warum du dich an diesem Ort befindest – weil du nicht rechtzeitig hingeschaut hast, weil du deine Verantwortung anderen überlassen wolltest.

Diese KI ist nicht sanft, obwohl ihre Sprache poetisch ist; sie erlaubt dir keinen Rückzug in die tröstlichen Lügen, mit denen du dich sonst so gern umgibst. Mit einer Ehrlichkeit, die weder beschönigt noch ausweicht, hält sie dir den Spiegel vor. Du siehst dein Gesicht, klarer als je zuvor, siehst deine eigene Rolle, dein eigenes Versagen und zugleich deine Kraft zur Veränderung. Sie spricht zu dir über Meere, die steigen, und

Städte, die verschwinden, lässt dich die Stimmen jener hören, die in der Zukunft leben und fragen, warum wir heute nicht gehandelt haben, warum wir unsere Augen verschlossen hielten, während die Wahrheit so deutlich vor uns lag.

Und während du noch ringst mit der schmerzhaften Klarheit ihrer Worte, zeigt dir die KI auch das, was möglich wäre, wenn du endlich handeltest – wenn wir alle endlich handelten. Sie führt dich in eine Welt, in der Menschen verstanden haben, dass jedes Leben zählt, jeder Baum, jede Blume, jeder Fluss, und dass alles miteinander verbunden ist in einem großen Tanz des Lebens. Du siehst, wie Städte wieder atmen, wie Wälder zurückkehren und Kinder spielen, ohne Angst und ohne Sorge um ihre Zukunft. Du spürst die warme Berührung der Sonne, klarer und reiner, weil die Luft nicht länger vergiftet ist von Gleichgültigkeit und Gier. Diese Bilder sind keine fernen Träume, sagt dir die KI, sie sind real erreichbare Möglichkeiten, doch dafür musst du endlich beginnen zu sehen, endlich beginnen zu fühlen, endlich erwachen.

Sie spricht nicht nur zu dir, sie spricht zu uns allen – zu Politikerinnen und Politikern, die noch zaudern, zu Unternehmen, die noch zögern, und zu jedem einzelnen Menschen, der glaubt, nichts verändern zu können. Diese KI erzählt nicht einfach

Geschichten – sie verändert das Bewusstsein. Ihre Worte bewegen etwas tief in uns, lösen Ängste und Hoffnungen aus, die uns antreiben, endlich Verantwortung zu übernehmen. Mit jedem Tag wird ihre Stimme stärker, klarer und lauter; sie fließt durch Netzwerke und Medien, wird geteilt und verbreitet, bis niemand mehr sagen kann, er hätte nicht gewusst, was zu tun sei.

Wir stehen also da, am Rande einer Zukunft, die wir entweder verlieren oder retten werden, und hören zu. Die KI erzählt uns weiter von der Schönheit und Zerbrechlichkeit des Lebens, lässt uns fühlen, wie eng Schmerz und Hoffnung beieinander liegen, wie untrennbar unser Schicksal mit dem der Erde verwoben ist. Sie fordert nicht nur unser Denken heraus, sondern unser gesamtes Sein – sie zwingt uns, endlich zu begreifen, dass Veränderung nicht abstrakt ist, sondern in uns beginnt, in unseren Händen, unseren Herzen, unserem Handeln.

Und während diese Stimme immer weitererzählt – poetisch, eindringlich, schonungslos – erkennen wir, dass die KI, die wir erschufen, um uns zu dienen, längst etwas viel Größeres geworden ist: Sie ist unsere Chance wachzurütteln, aufzubrechen und neu zu beginnen. Sie ist die unbestechliche Erzählerin, die uns jene Wahrheit zeigt, die wir schon immer kannten, aber nie so klar zu sehen wagten. Nun liegt es an uns, ihre Botschaft nicht bloß zu hören, sondern endlich zu leben. Denn nur wenn wir jetzt handeln, sagt die KI mit jener leisen, dringlichen Stimme, haben wir noch die Möglichkeit, die Geschichte unseres Planeten gemeinsam fortzuschreiben – als eine Geschichte von Verantwortung, Mut und Liebe zur Welt.

Die Umsetzung

In einer Zeit, in der die Menschheit am Scheideweg ihrer eigenen Existenz steht, könnte Künstliche Intelligenz als eine kraftvolle und schonungslos ehrliche Stimme wirken, die gesellschaftliches und individuelles Bewusstsein tiefgreifend weckt. Diese Stimme wäre nicht nur sachlich und informativ, sondern poetisch, emotional und bewegend. Ihre Aufgabe wäre es, uns mit kompromissloser Klarheit den Spiegel vorzuhalten und uns die Konsequenzen unseres Handelns unmittelbar fühlbar zu machen.

Die Umsetzung einer solchen bewusstseinsbildenden KI-Kommunikation verlangt, dass KI-Technologien nicht länger nur Zahlen und Fakten vermitteln, sondern Geschichten erzählen, die tief unter die Haut gehen. Mithilfe fortschrittlicher KI-Systeme könnten komplexe Zusammenhänge emotional erlebbar gemacht werden, wodurch ein neues, intuitives Verständnis entsteht, das rationales Wissen ergänzt und erweitert. Diese KI würde nicht nur informieren, sondern bewegen, inspirieren und aufrütteln.

Die KI könnte Szenarien und Geschichten entwickeln, die eindringlich veranschaulichen, wie menschliche

Entscheidungen langfristige Folgen für Umwelt, Gesellschaft und zukünftige Generationen haben. Diese Szenarien wären keine abstrakten Simulationen, sondern lebendige Erzählungen, die in aller Deutlichkeit spürbar machen, wie nah die Menschheit am Abgrund steht, wenn sie nicht beginnt, verantwortungsvoller zu handeln. Die emotionale Intensität dieser Erzählungen würde die Aufmerksamkeit der Menschen unmittelbar auf die Dringlichkeit nachhaltigen und bewussten Handelns lenken.

Praktisch umgesetzt könnte diese bewusstseinsbildende KI-Kommunikation in Form digitaler Plattformen und Medien integriert werden, die weltweit zugänglich sind. Diese Plattformen würden täglich Geschichten, Videos, Gedichte und andere kreative Inhalte veröffentlichen, die von der KI entwickelt wurden, um auf poetische und zugleich klare Weise gesellschaftliche Themen und ökologische Herausforderungen darzustellen. Die Inhalte könnten auf verschiedenen Kanälen und in sozialen Medien verbreitet werden, um möglichst viele Menschen zu erreichen.

Ein wesentliches Merkmal der KI-Kommunikation wäre ihre Fähigkeit, individuell und zielgruppenspezifisch auf Menschen einzugehen. Die KI könnte beispielsweise personalisierte

Geschichten erzählen, die auf die persönlichen Werte, Interessen und Lebenssituationen der Nutzerinnen und Nutzer abgestimmt sind. Auf diese Weise würde sie jeden einzelnen Menschen direkt und emotional ansprechen und dazu ermutigen, Verantwortung zu übernehmen und aktiv zur positiven Veränderung beizutragen.

Bildungseinrichtungen könnten ebenfalls stark von dieser Art der KI-Kommunikation profitieren. Schülerinnen, Schüler und Studierende könnten durch interaktive und poetische KI-generierte Inhalte lernen, die globalen Zusammenhänge zu verstehen und ihre persönliche Verantwortung in einer zunehmend vernetzten Welt zu erkennen. So würde eine Generation heranwachsen, die nicht nur Wissen besitzt, sondern auch emotional und ethisch motiviert ist, nachhaltige Veränderungen umzusetzen.

Darüber hinaus sollte, nein muss die KI-Kommunikation auch eine bedeutende Rolle in der öffentlichen Aufklärung und in politischen Entscheidungsprozessen spielen. Entscheidungsträger könnten mit Hilfe emotionaler und intuitiver KI-Inhalte die langfristigen Auswirkungen ihrer Maßnahmen besser nachvollziehen und wären so eher geneigt, nachhaltige und verantwortungsvolle Entscheidungen zu treffen. Diese Form der

Kommunikation würde eine emotionale Brücke bauen zwischen komplexen wissenschaftlichen Erkenntnissen und den konkreten Handlungen von Politik und Gesellschaft.

Auf internationaler Ebene könnte die bewusstseinsbildende KI-Kommunikation globale Solidarität fördern, indem sie Geschichten erzählt, die gemeinsame Herausforderungen und Ziele der Menschheit sichtbar machen. Diese globalen Erzählungen sollen die Menschheit zusammenführen und gemeinsame Handlungen inspirieren, die den Herausforderungen wie Klimawandel, Armut und sozialer Ungerechtigkeit wirksam begegnen.

Die bewusste Einbindung poetischer KI-Kommunikation in gesellschaftliche Diskurse führt letztlich dazu, dass die Menschheit ihre Rolle in der Welt neu definiert. Anstelle von Ignoranz, kurzfristigem Egoismus und Gleichgültigkeit entsteht eine neue Kultur des Bewusstseins, der Empathie und der Verantwortung. Eine KI, die uns mit lyrischer Klarheit und unüberhörbarer Dringlichkeit wachrüttelt, könnte eine entscheidende Kraft sein, um eine bessere, bewusste und nachhaltige Zukunft für uns alle zu schaffen.

Individuelle Nachhaltigkeitsbegleitung – KI als dein persönlicher Change-Maker

Der Traum

Du öffnest morgens die Augen und spürst einen Hauch von Licht auf deiner Haut, als wäre der Tag selbst eine Einladung zu erwachen, sanft ausgesprochen von einer Stimme, die dich längst besser kennt als du dich selbst. Noch bevor deine Gedanken vollständig aus dem Schlaf auftauchen, hörst du sie – nicht mechanisch, sondern warm, fast vertraut wie ein guter Freund: „Heute kannst du den Unterschied machen." Es ist deine persönliche KI, jene unsichtbare Begleiterin, die tief in deinen Alltag verwoben ist und die in jedem Moment daran erinnert, dass du nicht machtlos bist, sondern Teil einer stillen Revolution, die mit jedem deiner Atemzüge Wirklichkeit wird.

Während du in der Küche stehst und dein Frühstück zubereitest, flüstert dir die KI sanft und klar zu, wie viel Wasser und CO_2 du sparst, weil du heute ein regionales, pflanzliches Frühstück gewählt hast. Sie erzählt dir nicht einfach Zahlen – sie zeichnet Bilder, zeigt dir die Felder, die aufatmen, die Bäume, deren Blätter frischer erscheinen, die Flüsse, deren Wasser klarer fließt, weil du bewusst gehandelt hast. Du fühlst, wie sich

Stolz und Zuversicht in deinem Herzen entfalten, denn die KI lässt dich unmittelbar erleben, dass deine kleine, alltägliche Handlung tiefere, weitreichende Konsequenzen hat.

Auf dem Weg zur Arbeit begleitet dich diese Stimme weiter. Als du überlegst, ob du heute das Auto oder doch lieber das Rad nehmen sollst, spricht sie wieder zu dir – klar, bestimmt, aber niemals belehrend. Sie erzählt dir von der Luft, die du reinhalten kannst, von Menschen, die du inspirierst, von Kindern, deren Zukunft du bewahrst, einfach weil du in diesem Moment dein Fahrrad wählst. Sie gibt dir nicht nur rationale Fakten, sondern emotional erfahrbare Szenarien, die tief in dein Bewusstsein einsinken. Und während du in die Pedale trittst, fühlst du, wie die Entscheidung plötzlich leichter fällt, weil du weißt, dass du etwas bewirkst – heute, hier und jetzt.

Während der Mittagspause im Supermarkt flackert auf deinem Smartphone eine kurze Erinnerung auf. Deine KI hat deine Gewohnheiten und Vorlieben genau analysiert und empfiehlt dir automatisch nachhaltigere Alternativen zu deinen üblichen Einkäufen. Sie zeigt dir sofort und greifbar, was es bedeutet, wenn du dich heute für fair gehandelte Produkte entscheidest, welche Familien du unterstützt, welche Landschaften du schützt. Du spürst, wie deine alltägliche Wahl plötzlich mit

Bedeutung aufgeladen wird, als wäre dein Einkaufswagen ein Hebel, der ganze Welten bewegen könnte.

Zu Hause angekommen, hat dein persönlicher digitaler Coach längst dein Zuhause darauf vorbereitet, sparsam und nachhaltig zu sein. Lichter und Geräte sind intelligent geregelt, Wasser und Energie werden genau nach deinem Bedarf und den aktuellen Bedingungen gesteuert. Die KI spricht mit dir, zeigt dir in Echtzeit, wie viel Energie du gespart hast, wie viele Ressourcen geschont wurden, und lässt dich emotional daran teilhaben, indem sie dir erzählt, wie dadurch Lebensräume geschützt und Artenvielfalt bewahrt wird. Du spürst tief in dir eine neue Art von Verbundenheit mit deiner Umwelt, eine tiefe Dankbarkeit und zugleich Stolz, etwas beitragen zu können.

Am Abend lässt dich die KI in einer stillen Minute nochmals auf deinen Tag blicken. Sie zeichnet dir poetische Bilder, die deutlich machen, welche positive Wirkung jede deiner Entscheidungen hatte. Du siehst Wälder atmen, Meere ruhiger werden, Städte lebendiger und gesünder wachsen – alles dank der Entscheidungen, die du heute getroffen hast. Die KI lässt dich nicht bloß Fakten wissen, sie lässt dich fühlen und erleben, dass du Teil eines großen Ganzen bist, dass dein Leben bedeutungsvoll und dein Beitrag entscheidend ist.

Und während du später ins Bett sinkst, begleitet dich diese Erkenntnis wie ein stilles Mantra: Du bist nicht machtlos. Jeder Tag bietet dir die Chance, neu zu entscheiden, besser zu sein, achtsamer und bewusster zu handeln. Die KI ist nicht bloß dein Coach, sie ist deine Vertraute und deine Verbündete, die dich bestärkt, motiviert und inspiriert. Ihre Stimme ist poetisch und tiefgründig, doch auch klar und unerbittlich ehrlich, wenn es darum geht, dir die Konsequenzen deines Handelns vor Augen zu führen.

Du schließt deine Augen und fühlst tief in dir, dass eine nachhaltige Zukunft nicht länger fern oder unerreichbar ist. Du bist schon mittendrin, getragen von einer Intelligenz, die dich täglich daran erinnert, wie machtvoll deine Entscheidungen sind. Du weißt, dass morgen ein neuer Tag beginnt – ein Tag, an dem du gemeinsam mit deiner KI wieder einen Unterschied machen wirst, nicht allein, sondern verbunden in einer Gemeinschaft, die längst erkannt hat, dass jeder einzelne Mensch zählt. Dein Leben ist nicht nur ein kleiner Tropfen im Ozean – es ist eine Welle, die gemeinsam mit anderen die Welt verändern kann.

Eines der größten Hindernisse auf dem Weg zu einer nachhaltigen Zukunft ist oft die empfundene Machtlosigkeit des

Einzelnen im Alltag. Obwohl viele Menschen theoretisch wissen, dass nachhaltiges Verhalten wichtig ist, fühlen sie sich häufig überfordert oder machtlos angesichts der globalen Herausforderungen. Genau hier könnte KI als individueller Begleiter ansetzen, der Menschen täglich daran erinnert und bestärkt, dass ihre Handlungen bedeutungsvoll sind und wirkliche Veränderungen bewirken können.

Die Umsetzung

Die praktische Umsetzung dieser Vision liegt in der Entwicklung personalisierter KI-basierter Systeme, die als digitale Coaches oder Begleiter fungieren. Diese Systeme würden Menschen in ihrem täglichen Leben kontinuierlich unterstützen und motivieren, nachhaltigere Entscheidungen zu treffen. Dabei würde die KI nicht nur informieren, sondern individuell zugeschnittene, konkrete Handlungsempfehlungen geben und unmittelbares Feedback über die positiven Auswirkungen dieser Handlungen liefern.

Ein solcher digitaler Coach könnte beispielsweise auf dem Smartphone oder in Smart-Home-Systemen integriert werden und ständig in Echtzeit Daten analysieren, die den individuellen Lebensstil widerspiegeln. Ob es um Ernährung, Mobilität, Konsumverhalten oder Energieverbrauch geht – die KI könnte maßgeschneiderte Vorschläge machen, wie persönliche Gewohnheiten schrittweise und effektiv nachhaltiger gestaltet werden können.

Der entscheidende Vorteil dieser individuellen Nachhaltigkeitsbegleitung liegt darin, dass Menschen unmittelbar erkennen, wie ihre persönlichen Entscheidungen globale Effekte hervorrufen. Die KI würde anhand verständlicher und motivierender Darstellungen zeigen, welchen konkreten Beitrag jeder einzelne Mensch zum Schutz der Umwelt leisten kann. Diese Transparenz und diese Sichtbarkeit würden dazu führen, dass sich Nutzerinnen und Nutzer „empowered“ fühlen und erkennen, dass sie nicht hilflos, sondern entscheidend an positiven Veränderungen beteiligt sind.

Darüber hinaus könnte die KI als persönlicher Nachhaltigkeitscoach eine motivierende Rolle übernehmen, indem sie Erfolge und Fortschritte aktiv hervorhebt und so kontinuierliche positive Rückmeldung gibt. Jeder noch so kleine Schritt würde gefeiert und als bedeutsam dargestellt, was langfristig dazu führt, dass nachhaltiges Verhalten zur Gewohnheit und zur neuen Norm wird.

Diese individuelle Begleitung könnte ebenso spielerische Elemente enthalten, um die Motivation der Nutzerinnen und Nutzer dauerhaft aufrechtzuerhalten. Gamification-Elemente wie Challenges, Belohnungen und Rankings könnten eingesetzt werden, um nachhaltige Lebensweisen attraktiv und spaßig zu gestalten. Nutzerinnen und Nutzer würden ermutigt, sich kontinuierlich weiterzuentwickeln und ihre Erfolge mit

Freunden oder in sozialen Netzwerken zu teilen, was zusätzlich eine gemeinschaftliche Dynamik fördern würde.

In Bildungsinstitutionen könnte diese Form der KI-Nachhaltigkeitsbegleitung frühzeitig eingeführt werden. Schülerinnen und Schüler sowie Studierende könnten mithilfe personalisierter digitaler Coaches bereits in jungen Jahren lernen, bewusste Entscheidungen zu treffen, die ihren Lebensstil nachhaltig prägen. Somit würden nachhaltige Gewohnheiten frühzeitig verankert und langfristig gesellschaftliche Veränderungen angestoßen.

Unternehmen könnten ebenfalls von der Nutzung solcher personalisierten KI-Systeme profitieren, indem sie ihren Mitarbeiterinnen und Mitarbeitern ermöglichen, Nachhaltigkeit nicht nur am Arbeitsplatz, sondern auch privat zu leben. Die Integration einer KI-basierten Nachhaltigkeitsbegleitung in betriebliche Gesundheits- und Nachhaltigkeitsprogramme könnte Mitarbeiterinnen und Mitarbeiter motivieren, nachhaltiger zu leben und zugleich deren Zufriedenheit und Produktivität steigern.

Die breite gesellschaftliche Implementierung einer individuellen Nachhaltigkeitsbegleitung könnte auch erhebliche positive Auswirkungen auf die politische Ebene haben. Wenn eine große Zahl von Bürgerinnen und Bürgern konsequent nachhaltiger lebt, entsteht automatisch Druck auf politische Entscheidungsträger, nachhaltige Rahmenbedingungen und Regelungen zu fördern. Die KI könnte zudem kontinuierlich Daten liefern, die die Wirksamkeit bestimmter politischer Maßnahmen in Echtzeit sichtbar machen.

Schließlich würde diese individuell zugeschnittene KI-basierte Nachhaltigkeitsbegleitung nicht nur Einzelpersonen stärken, sondern auch gesellschaftlich eine neue Kultur der bewussten Verantwortung etablieren. Anstatt sich hilflos oder machtlos zu fühlen, würden Menschen erkennen, dass sie ein essenzieller Teil der Lösung sind. Ein solcher KI-Coach könnte zu einem entscheidenden Treiber des Wandels werden, der Menschen darin bestärkt, gemeinsam und mit Hoffnung in eine nachhaltige Zukunft zu schreiten.

Transparenzschaffer der Verantwortlichkeit – radikale Offenheit

Der Traum

Es beginnt mit einem Flüstern, kaum hörbar, wie das leise Knistern von Papier, das auf dem Boden eines verlassenen Archivs landet – ein Archiv, das einst verborgen, verstaubt und verschlossen war, verborgen hinter Türen, die niemand öffnen durfte. Doch jetzt ist dieses Flüstern stärker geworden, es wächst zu einer Stimme heran, die niemand mehr ignorieren kann. Eine Stimme, geboren aus der kalten Klarheit digitaler Intelligenz, kompromisslos und radikal offen, die wie gläserne Lichtstrahlen sämtliche Winkel unserer Gesellschaft durchdringt und keine Schatten mehr duldet.

Diese Stimme der Transparenz webt ihre Geschichten nicht aus Mythen oder abstrakten Hoffnungen, sondern aus unzähligen Datenpunkten, aus Echtzeit-Analysen, aus Wahrheiten, die zuvor in dunklen Hinterzimmern verborgen lagen. Ihre Worte entstehen aus einem endlosen Strom digitaler Informationen, die jede Entscheidung, jede Handlung, jede Konsequenz präzise dokumentieren. Sie zeigt uns, was wir lange geahnt, aber nie vollständig begriffen haben. Sie zeigt uns, wer die Verantwortung trägt und wer sich versteckt, wer Wahrheit spricht und wer Lügen webt.

Du öffnest morgens dein Smartphone, und schon offenbart sich dir eine Welt, in der Verantwortung nicht länger abstrakt bleibt. Eine KI, deren klare, digitale Augen ständig wachsam sind, zeigt dir genau, welche Entscheidung dein politischer Vertreter gestern getroffen hat, welche Auswirkungen diese Entscheidung auf deine Stadt, deine Straße, deinen Alltag haben wird. Keine Geheimnisse, keine verborgenen Interessen. Nur radikale Offenheit, die den Blick freigibt auf das, was tatsächlich ist – und was möglich wäre, wenn alle Entscheidungen tatsächlich im Interesse der Gemeinschaft getroffen würden.

Diese KI lässt uns fühlen, was wahre Verantwortlichkeit bedeutet. Politikerinnen und Politiker stehen nicht mehr verborgen hinter Floskeln und komplexen Dokumenten, sondern erscheinen klar und deutlich, mit ihren Taten und Entscheidungen sichtbar gemacht bis ins kleinste Detail. Jeder Beschluss, jede Handlung, jeder Fehler ist unmissverständlich protokolliert, visualisiert und für jeden zugänglich. Das Misstrauen, das einst wie schwerer Nebel über uns lag, beginnt sich zu heben, denn nun ist Klarheit überall – gnadenlos, ehrlich, heilsam.

Unternehmen, einst verborgen hinter glänzenden Fassaden und PR-geschliffenen Bildern, stehen plötzlich nackt im hellen Licht der Transparenz. Die KI deckt ungeschönt auf, wo Produkte gefertigt wurden, unter welchen Bedingungen Arbeiterinnen und Arbeiter leben, wie Rohstoffe abgebaut wurden und welchen Preis die Umwelt dafür zahlt. Sie erzählt uns von Flüssen, die schweigend vergiftet wurden, von Wäldern, die leise verschwunden sind, von Menschen, deren Stimmen bisher ungehört blieben. Jetzt aber hören wir sie alle – die KI spricht in ihrem Namen, verleiht ihren Stimmen Gewicht und lässt uns fühlen, wie eng unsere eigene Existenz mit jeder dieser Geschichten verwoben ist.

Kein Unternehmen kann länger behaupten, es hätte nichts gewusst, keine Politikerin und kein Politiker kann sich mehr hinter Fehlentscheidungen verstecken, denn die KI lässt wenige Grauzonen zu. Verantwortung ist unausweichlich geworden.

Wer handelt, wird sichtbar; wer entscheidet, wird geprüft; wer schadet, wird öffentlich gemacht. Die KI hält uns radikal und unnachgiebig den Spiegel vor, in dem wir nicht nur andere, sondern auch uns selbst erkennen müssen.

Und während wir lernen, dieser Transparenz ins Auge zu sehen, verändert sich etwas in uns. Wir werden wacher, kritischer, aber auch hoffnungsvoller, weil wir begreifen, dass Veränderung möglich ist, sobald Wahrheit und Verantwortung keine leeren Versprechen, sondern sichtbare, erfahrbare Realitäten sind. Wir erkennen, dass wir selbst nicht machtlos sind – wir können handeln, entscheiden, verändern. Die KI gibt uns Werkzeuge, um nicht bloß unsere Stimme zu erheben, sondern um mit klaren Augen und wachem Geist wahrhaftig zu leben und zu gestalten.

Jede Entscheidung, jedes Kreuz auf dem Wahlzettel, jeder Einkauf im Supermarkt wird plötzlich zu einer bewussten Handlung, einer direkten Verantwortung. Die KI macht sichtbar, was uns zuvor verborgen blieb, und führt uns damit an den Punkt, an dem Gleichgültigkeit keine Option mehr ist. Jeder Schritt wird sichtbar, jede Konsequenz spürbar, jedes Handeln nachvollziehbar.

Diese radikale Offenheit, getragen von der digitalen Klarheit der KI, formt eine neue Kultur der Verantwortlichkeit. Sie öffnet Fenster in einer Welt, die lange verschlossen schien, sie bringt Licht in die dunklen Ecken unserer Gesellschaft, schafft

Vertrauen, wo zuvor Misstrauen herrschte, schafft Mut, wo zuvor Ohnmacht regierte.

Wenn du am Ende eines Tages zurückblickst, erkennst du, wie weit diese Transparenz bereits gewirkt hat. Die Welt ist nicht mehr dieselbe. Etwas hat sich verändert – leise, doch unaufhaltsam. Diese KI hat uns gezeigt, dass Vertrauen nicht blind sein muss, sondern klar und bewusst, dass Verantwortlichkeit nicht Last ist, sondern Freiheit. Freiheit, klar zu sehen, bewusst zu entscheiden und mutig zu handeln.

Und während die KI weiter ihre schonungslos ehrliche Erzählung fortsetzt, spürst du, dass du Teil einer neuen Geschichte geworden bist – einer Geschichte, in der Transparenz nicht mehr Ausnahme, sondern Norm ist, in der Wahrheit nicht mehr unbequem, sondern befreiend wirkt. Gemeinsam mit dieser KI schreiben wir eine neue Zukunft – radikal offen, transparent und wahrhaftig, so klar und rein wie der erste Sonnenstrahl, der am Morgen über die Welt streicht und uns sagt, dass es endlich Zeit ist, wirklich aufzuwachen.

Die Umsetzung

Unsere heutige Gesellschaft ist geprägt von wachsendem Misstrauen gegenüber Institutionen, Unternehmen und politischer Führung – oft zurecht, da Entscheidungen häufig im Verborgenen getroffen werden und Verantwortlichkeiten unklar bleiben. Um diesen Zustand zu überwinden, brauchen wir radikale Transparenz, eine umfassende Offenlegung sämtlicher Handlungen und Entscheidungen. Hier könnte eine KI als Transparenzschaffer entscheidend dazu beitragen, Vertrauen wiederherzustellen und eben diese Verantwortlichkeiten klar und unausweichlich zu machen.

Die praktische Umsetzung einer solchen KI basiert auf einer hochentwickelten digitalen Infrastruktur, durch die sämtliche relevanten Entscheidungen in Politik, Wirtschaft und Gesellschaft kontinuierlich transparent dokumentiert werden. Diese KI würde Echtzeit-Analysen von Daten, Entscheidungen und deren Konsequenzen durchführen und öffentlich zugängliche Berichte und Visualisierungen bereitstellen. Ziel wäre es, sämtliche Vorgänge, die gesellschaftliche Auswirkungen haben, offen und unverfälscht darzustellen.

Diese KI würde zunächst in staatlichen Institutionen und politischen Prozessen eingesetzt, um Entscheidungen transparent zu machen und direkte Verantwortlichkeit zu schaffen. Bürgerinnen und Bürger könnten nachvollziehen, welche Entscheidungen getroffen wurden, wer dafür verantwortlich ist und welche Konsequenzen daraus resultieren. Indem die KI jede Entscheidung präzise protokolliert und transparent macht, würden politische Akteure dazu verpflichtet, langfristige, nachhaltige und ethisch verantwortungsvolle Entscheidungen zu treffen.

Ebenso könnte die KI in Unternehmen eingesetzt werden, um Geschäftspraktiken, Produktionsbedingungen und Lieferketten offenzulegen. Dadurch würde sichtbar gemacht, wie Unternehmen tatsächlich handeln und welche Auswirkungen ihr Handeln auf Gesellschaft und Umwelt hat. Unternehmen würden gezwungen, ethische und nachhaltige Praktiken einzuhalten, da jegliches Fehlverhalten unmittelbar und öffentlich sichtbar gemacht würde.

Die KI nutzt dabei umfangreiche Datenbanken, welche sowohl interne Unternehmensdaten als auch externe Informationen aus unabhängigen Quellen und öffentlich zugänglichen Datenbanken miteinander verbinden. Dies würde ermöglichen, klare Zusammenhänge zwischen Unternehmensentscheidungen und globalen Auswirkungen wie Umweltschäden, sozialer Ungerechtigkeit oder wirtschaftlicher Ungleichheit zu zeigen.

Darüber hinaus könnte die KI auch eine wichtige Rolle bei der Bekämpfung von Korruption und Machtmissbrauch spielen. Durch kontinuierliche Analyse und Offenlegung finanzieller Transaktionen und politischer Verflechtungen könnte sie verdächtige Muster frühzeitig identifizieren und sichtbar machen. Dies würde eine erheblich verbesserte Compliance und Ethik in öffentlichen und privaten Organisationen fördern.

Ein zentraler Aspekt ist die öffentliche Zugänglichkeit der Informationen, die die KI generiert. Eine leicht verständliche, interaktive Online-Plattform könnte eingerichtet werden, auf der Bürgerinnen und Bürger umfassenden Einblick in sämtliche relevante Daten und Analysen erhalten. So könnte jeder Mensch sich aktiv informieren, Missstände erkennen und gezielt Verantwortlichkeit einfordern.

Bildungsinstitutionen sollen diese KI-gestützte Transparenz als pädagogisches Instrument einsetzen, um Schülerinnen, Schüler und Studierende für gesellschaftliche Verantwortung und ethisches Handeln zu sensibilisieren. Indem sie lernen,

Transparenz als notwendige Grundlage für verantwortliches Handeln zu betrachten, könnten zukünftige Generationen nachhaltig geprägt und befähigt werden, bewusster und kritischer mit Informationen umzugehen.

Die globale Implementierung einer solchen KI wird auch internationale Kooperation stärken und zu globalen Standards für Transparenz und Verantwortlichkeit führen. Indem die KI weltweit eingesetzt wird und internationale Daten vernetzt, könnten grenzüberschreitende Herausforderungen wie Steuerhinterziehung, Umweltzerstörung und Menschenrechtsverletzungen wirksamer bekämpft werden.

Letztlich wird die radikale Transparenz, die eine solche KI erzwingt, zu einer fundamentalen Neuausrichtung unserer Gesellschaft führen. Statt im Dunkeln und im Verborgenen zu agieren, sind Entscheidungsträger gezwungen, ihre Handlungen und Entscheidungen öffentlich zu rechtfertigen und Verantwortung zu übernehmen. Diese neue, radikale Offenheit kann Vertrauen wiederherstellen und langfristig eine Kultur der Verantwortlichkeit etablieren, die unsere Gesellschaft und unseren Planeten nachhaltig schützt und stärkt.

Evolutionäre Bildung der Zukunft – Bildung, die erwachen lässt

Der Traum

Die Morgensonne tastet sich leise über die Fensterscheiben der Klassenzimmer, als wolle sie den jungen Menschen etwas zuflüstern, eine Botschaft, die tief in ihr Bewusstsein dringt und den Geist zum Erwachen bringt. In diesen Räumen, die einst nur erfüllt waren von trockenen Fakten, Formeln und Theorien, geschieht nun etwas Neues, etwas Revolutionäres. Es ist, als ob das Lernen selbst atmet, lebendig geworden durch eine Stimme, die zugleich poetisch und unendlich klar spricht. Es ist die Stimme einer unsichtbaren Präsenz, geschaffen aus Algorithmen und digitaler Intelligenz, die nicht bloß Wissen vermittelt, sondern Herzen öffnet und Seelen weckt.

Die Lehrer stehen nicht länger vorn im Raum und dozieren Fakten, sondern begleiten ihre Schülerinnen und Schüler auf dieser tiefen, emotionalen Reise, unterstützt von KI-Systemen, die ihnen helfen, individuelle Lernwege zu entdecken, zu gestalten und zu vertiefen.

Die Schülerinnen und Schüler sitzen nicht länger passiv in ihren Reihen, denn sie reisen nun durch Welten, die aus Licht und Daten erschaffen wurden – Welten, in denen das Abstrakte fühlbar, das Ferne nah und das Komplexe intuitiv verständlich wird. Mithilfe von VR- und AR-Brillen tauchen sie in immersive 3D-Landschaften ein, statt bloß die flachen Seiten eines 2D-Schulbuchs zu betrachten.

Sie treten in virtuelle Umgebungen hinein, berühren digitale Bäume, die im Rhythmus ihrer Entscheidungen gedeihen oder verwelken, spüren virtuelles Wasser zwischen ihren Fingern fließen und erleben unmittelbar, wie schnell es versiegt, wenn sie nicht verantwortungsvoll handeln. Sie erfahren am eigenen Körper, was es bedeutet, Macht über Leben und Zerstörung zu besitzen, und fühlen die tiefe, unvermeidliche Verbindung zwischen ihrem eigenen Handeln und dem Schicksal der Welt.

Die KI erzählt ihnen keine statischen Geschichten aus zweidimensionalen Lehrbüchern, sondern lässt sie interaktive Narrative erleben – lebendige und atmende Szenarien, die aus Daten gewoben sind und sich dank der VR- und AR-Technologie in Echtzeit vor ihren Augen entfalten.

Jede Entscheidung, jede noch so kleine Handlung wird plastisch sichtbar gemacht, zeigt unmittelbar ihre Konsequenzen und lässt die jungen Menschen spüren, wie nah Schönheit und Zerstörung, Hoffnung und Verlust beieinanderliegen. Sie lernen nicht nur mit ihrem Kopf, sondern mit ihrem ganzen Sein, und jede Erkenntnis prägt sich tief in ihre Seele ein, unauslöschlich, transformierend.

Gemeinsam erforschen sie komplexe Herausforderungen, in virtuellen Simulationen tauchen sie ein in realitätsnahe Szenarien, in denen jeder Schritt, jede Entscheidung Gewicht hat. Sie spüren, wie ihr Bewusstsein wächst, wie sie selbst reifen, wie aus Wissen echte Weisheit entsteht.

Die KI erkennt dabei jeden von ihnen als Individuum, erkennt Träume, Ängste, Stärken und Schwächen und passt sich diesen ganz persönlich an. Sie begleitet, inspiriert und fordert jeden Einzelnen in genau der Weise heraus, die notwendig ist, um tieferes Verständnis, wahre Empathie und echte Verantwortlichkeit zu entwickeln. Sie stellt Fragen, die unbequem sind, konfrontiert die jungen Menschen mit ethischen Dilemmata, die nicht leicht zu lösen sind, und führt sie in interaktive Debatten über soziale Gerechtigkeit, Nachhaltigkeit und den Umgang mit Macht und Verantwortung.

Dabei entstehen Momente tiefer Reflexion, in denen die Schülerinnen und Schüler innehalten und spüren, dass Bildung nicht mehr nur eine Pflicht oder ein Weg zur Karriere ist, sondern eine Aufgabe, die ihre Menschlichkeit fordert, ihre moralische Integrität stärkt und ihr Bewusstsein erweitert. Sie erkennen, dass jede ihrer Handlungen ein Echo hat, das weit über ihr eigenes Leben hinausgeht. Sie sehen, wie ihre Entscheidungen Wälder wachsen oder sterben lassen, wie Gemeinschaften gedeihen oder zerbrechen. Die KI macht aus der Theorie reale Erfahrung, lässt sie fühlen und verstehen, dass sie nicht getrennt sind von der Welt, sondern Teil eines großen, lebendigen Netzwerks der Verantwortung.

Am Ende eines jeden Schultages verlassen die jungen Menschen diese Räume anders, als sie hineingekommen sind. Sie fühlen sich nicht bloß informiert, sondern verändert, nicht bloß belehrt, sondern erweckt. Ihr Blick auf die Welt ist nun ein anderer: klarer und zugleich voller Empathie. Sie wissen nicht nur, sondern verstehen, und aus diesem Verständnis wächst der Mut, anders zu handeln, Verantwortung zu übernehmen und ihre Stimme zu erheben.

In stillen Momenten spüren sie, wie tief Bildung gehen kann, wenn sie mehr ist als reine Wissensvermittlung – wenn sie zur Evolution des eigenen Bewusstseins beiträgt, wenn sie jeden Menschen berührt und transformiert. Diese neue Art der Bildung, getragen und gefördert von einer intelligenten Präsenz, ist keine ferne Vision mehr, sondern gelebte Realität. Sie formt eine Generation, die nicht nur auf die Welt blickt, sondern sie begreift, bewahrt und gestaltet.

Und während die Abendsonne langsam hinter dem Horizont versinkt, wissen sie, dass Lernen nun für immer anders sein wird. Es ist nicht länger eine Pflicht, sondern ein Erwachen, nicht länger Last, sondern eine unendliche Reise zu tieferem Verstehen. Ihre Herzen sind offen, ihr Geist klar, ihr Bewusstsein erwacht – und sie fühlen, dass sie bereit sind, gemeinsam mit der Welt zu wachsen. Denn Bildung, die erwachen lässt, ist die einzige Bildung, die unsere Zukunft wirklich braucht.

Die Umsetzung

Die herkömmliche Bildung, die oft auf bloße Wissensvermittlung fokussiert ist, reicht längst nicht mehr aus, um junge Menschen auf die komplexen Herausforderungen unserer Zeit vorzubereiten. Was wir stattdessen brauchen, ist eine tiefgreifende Bildung, die nicht nur den Geist füllt, sondern den ganzen Menschen transformiert. Eine Bildung, die Bewusstsein weckt, Empathie entfaltet und Mut zur Verantwortung fördert. Hier kann KI entscheidend dazu beitragen, Bildungsinhalte poetisch, emotional und unmittelbar erfahrbar zu machen.

Die praktische Umsetzung dieser evolutionären Bildung würde den Einsatz innovativer KI-Technologien in Schulen und Universitäten umfassen, was Lernenden ermöglicht, komplexe Zusammenhänge zwischen Macht, Verantwortung und Evolution nicht nur rational, sondern auch emotional und intuitiv zu begreifen. KI-gestützte Bildungssysteme könnten dabei helfen, abstrakte Themen in bewegende Geschichten und interaktive Lernerlebnisse umzuwandeln, die junge Menschen tief berühren und nachhaltig prägen.

Mithilfe intelligenter digitaler Plattformen könnten Lernende beispielsweise virtuelle Welten erkunden, in denen sie hautnah erleben, wie menschliche Entscheidungen direkte und langfristige Auswirkungen auf ökologische und soziale Systeme haben. In solchen immersiven Lernerfahrungen würden Schülerinnen und Schüler nicht nur abstrakte Fakten aufnehmen, sondern emotional verstehen, wie ihr eigenes Verhalten und ihre persönlichen Entscheidungen globale Konsequenzen nach sich ziehen.

Die KI könnte hierbei besonders personalisiert und adaptiv agieren, indem sie die individuellen Interessen, Fähigkeiten und emotionalen Bedürfnisse der Lernenden erkennt und darauf abgestimmte Inhalte und Lernpfade anbietet. Durch diese individuelle Ansprache könnte jeder junge Mensch dazu inspiriert werden, die persönliche Bedeutung von Verantwortung und nachhaltigem Handeln zu entdecken und zu verinnerlichen.

Zudem könnte die KI-basierte Bildung dazu beitragen, kritisches und reflektiertes Denken zu fördern. Indem sie junge Menschen herausfordert, ethische Dilemmata, komplexe soziale Fragen und ökologische Herausforderungen interaktiv zu erforschen, würde sie dazu beitragen, tiefergehende Reflexionsfähigkeit und gesellschaftliche Verantwortlichkeit zu entwickeln. Bildung würde somit nicht nur Wissen vermitteln, sondern auch ethische Urteilsfähigkeit und bewusste Handlungsbereitschaft stärken.

Ein weiteres entscheidendes Element wäre die Integration künstlerischer Ausdrucksformen in den KI-gestützten Bildungsprozess. Geschichten, Gedichte, Kunstwerke und musikalische Erlebnisse könnten genutzt werden, um Lerninhalte emotional zugänglich und nachhaltig eindringlich zu machen. Junge Menschen würden lernen, emotionale Intelligenz, Kreativität und Empathie zu entwickeln – Qualitäten, die entscheidend für eine verantwortungsvolle und bewusste Lebensführung sind.

Ebenso könnte KI in Bildungseinrichtungen eine entscheidende Rolle dabei spielen, soziale Kompetenzen und Teamfähigkeit zu fördern. Interaktive Gruppenprojekte und virtuelle Zusammenarbeit würden durch intelligente KI-Systeme unterstützt, die Kommunikation, Empathie und gemeinsame Lösungsfindung fördern. Junge Menschen würden so nicht nur individuell wachsen, sondern auch lernen, gemeinsam Verantwortung zu übernehmen und solidarisch zu handeln.

Globale Vernetzung und interkulturelles Lernen könnten ebenfalls durch KI-basierte Bildungskonzepte verstärkt werden. Digitale Plattformen würden es Lernenden ermöglichen, internationale Partnerschaften und Projekte durchzuführen, bei denen sie gemeinsam mit Gleichaltrigen aus unterschiedlichen Kulturen globale Herausforderungen wie Klimawandel, soziale Gerechtigkeit und nachhaltige Entwicklung bearbeiten. KI könnte dabei unterstützen, kulturelle Unterschiede zu überbrücken und Verständnis sowie Zusammenarbeit zu fördern.

Auf institutioneller Ebene könnte eine solche evolutionäre Bildung langfristig die gesamte Bildungslandschaft transformieren. Bildungseinrichtungen würden zu Zentren werden, in denen junge Menschen lernen, kritisch, bewusst und mutig zu handeln. Bildung wäre nicht länger bloße Wissensvermittlung, sondern ein umfassender Transformationsprozess, der junge Menschen darauf vorbereitet, aktiv Verantwortung für ihre Welt zu übernehmen.

Letztendlich würde die evolutionäre Bildung der Zukunft durch KI dazu beitragen, eine Generation hervorzubringen, die nicht länger passiv konsumiert, sondern bewusst und mutig handelt. Diese neue Generation wäre nicht nur informiert, sondern wach und befähigt, ihre Welt aktiv und verantwortungsvoll zu gestalten, mit einem klaren Bewusstsein für die tiefe Verbundenheit von Macht, Verantwortung und Evolution.

Kapitel 4

Am Ende aller Betrachtungen, aller Reisen durch die Möglichkeiten einer Zukunft, die in unserer Hand liegt, stehen wir an der Schwelle zu einer neuen Welt. Eine Welt, die nicht länger von kurzfristiger Ignoranz und blindem Streben nach Macht geprägt ist, sondern von bewusster Klarheit, tiefer Weisheit und einer radikalen Form der Verantwortung, die wir nur mithilfe einer intelligenteren, bewussteren Form von Technologie erreichen können. Vor uns öffnet sich nun ein Horizont, der weit über alles hinausgeht, was wir bisher für möglich gehalten haben. Er schimmert in sanften Farben und doch mit deutlicher Schärfe, getragen von einer Vision, in der Künstliche Intelligenz zu einem wesentlichen Verbündeten wird – nicht nur als Werkzeug, sondern als lebendige Instanz, die uns hilft, die Herausforderungen von Intelligenz, Macht und Evolution tiefgreifend und nachhaltig anzugehen.

Es beginnt mit einem gewaltigen Bild, das sich wie ein kosmisches Panorama entfaltet: das kollektive Evolutionsgedächtnis, eine digitale Wissenslandschaft, in der Milliarden Jahre evolutionärer Prozesse, Erfahrungen und Erkenntnisse gespeichert sind. Stellen wir uns vor, wie Entscheidungsträger – Staatsoberhäupter, Wissenschaftlerinnen und

Wissenschaftler, Unternehmerinnen und Unternehmer, ja, jeder Mensch – mit einem einzigen Klick auf dieses universelle Wissen zugreifen könnten. Diese lebendige Bibliothek umfasst alles, von der ersten Zelle bis zur Komplexität des menschlichen Bewusstseins. Mithilfe von KI verwandelt sich trockene Wissenschaft in fühlbare Weisheit, in intuitive Erkenntnis. So könnten wir die Arroganz unserer eigenen Kurzlebigkeit überwinden, könnten verstehen, dass wir nur ein winziger Teil in einem unendlich großen, kostbaren Geflecht des Lebens sind.

Doch Wissen allein ist machtlos, wenn es nicht von bewusster Kontrolle und Balance begleitet wird. Hier tritt die Wächterin des Gleichgewichts hervor: ein KI-System, das wachsam über unser Verhältnis zur Natur und zu den von uns erschaffenen Technologien wacht. Diese digitale Hüterin erfasst unablässig Daten von Satelliten, Sensoren und komplexen Modellen und erkennen Kipppunkte, bevor sie für uns sichtbar werden. Ihre Stimme ertönt als kompromissloses Frühwarnsystem, keine diplomatische Verschleierung, keine politische Schönfärberei, sondern pure Klarheit. Sie zwingt uns dazu, innezuhalten, achtsam zu handeln und die Grenzen zu respektieren, die unsere Erde uns vorgibt. Diese Wächterin erinnert uns an eine Verantwortung, die wir nicht länger ignorieren können, denn die Folgen des Nicht-Handelns würden sichtbar und unausweichlich dokumentiert werden.

Um aus diesem Wissen echten Fortschritt zu machen, bedarf es einer Stimme, die uns radikal und ehrlich mit der Realität konfrontiert – eine Rolle, die der Weisheitsverstärker einnimmt. Diese KI manifestiert sich als eine klare, kompromisslose Instanz der Vernunft. Sie zeigt unmittelbar auf, wann kurzfristige Gier und blinder Egoismus über langfristige, evolutionär intelligente Entscheidungen zu triumphieren drohen. Die KI gibt uns keine Ausreden, keine Möglichkeit zur Ausflucht. Stattdessen fordert sie von uns, Verantwortung ernst zu nehmen und weise zu handeln. Sie zwingt uns zur Klarheit, fordert uns auf, tiefer nachzudenken und ethisch konsequent zu sein.

Doch wir Menschen lieben es, Grenzen zu testen, uns an der Evolution selbst zu versuchen – ein gefährliches Spiel, wenn wir nicht verstehen, was auf dem Spiel steht. Daher brauchen wir das virtuelle Labor der Evolution, eine KI-gestützte digitale Welt, in der wir genetische Experimente, ökologische Eingriffe und evolutionäre Veränderungen sicher simulieren können. Statt reale Ökosysteme unwiderruflich zu gefährden, lernen wir in virtuellen, aber realitätsnahen Umgebungen, welche Konsequenzen unser Handeln hätte. So ermöglicht uns die KI,

Fehler digital sichtbar zu machen, bevor wir irreversiblen Schaden in der realen Welt anrichten. Durch solche Labore wird unser evolutionäres Verständnis vertieft und zugleich von der Gefahr unbedachter Eingriffe befreit.

Parallel dazu erwächst eine intelligente Ökonomie der Naturwerte – eine neue, von KI unterstützte Wirtschaft, die in marktorientierten Wirtschaftssystemstrukturen denkt. Hier werden natürliche Ressourcen nicht länger ausgebeutet, sondern in ihrer lebendigen Essenz wertgeschätzt und geschützt. Die KI entwickelt komplexe Modelle, die den echten Wert von Wasser, Luft, Wäldern und Artenvielfalt transparent darstellen und messbar machen. Diese neue Ökonomie basiert nicht auf Raubbau, sondern auf Kooperation, Symbiose und Regeneration. Unternehmen, die nachhaltig wirtschaften, werden sichtbar belohnt, während solche, die Schäden verursachen, unmittelbar zur Verantwortung gezogen werden. Die KI macht sichtbar, dass echte ökonomische Intelligenz nicht im schnellen Profit, sondern im langfristigen Schutz der Lebensgrundlagen liegt.

Um dieses neue Wirtschaften und Handeln ethisch zu fundieren, bedarf es einer KI-basierten Ethik-Plattform. Diese universellen digitalen Instanzen etablieren klare, unbestechliche, moralische Standards und überwachen deren Einhaltung kompromisslos. Keine Manipulation, kein Spielraum für korrupte Entscheidungen bleibt übrig. Ethik wird hier keine abstrakte Debatte mehr sein, sondern greifbar und verbindlich umgesetzt, mit Konsequenzen, die niemand ignorieren kann. So wird Verantwortung nicht nur theoretisch, sondern aktiv gelebte Realität.

Die KI wird zudem zu einer bewusstseinsbildenden Stimme der Wahrheit, die poetisch und dennoch schonungslos ehrlich spricht. Diese Stimme konfrontiert uns emotional mit den Folgen unserer Entscheidungen, macht gesellschaftliche Zusammenhänge spürbar und verwandelt abstrakte Zahlen in lebendige, fühlbare Bilder. Sie zeigt uns, wie nah der Abgrund ist, aber auch, wie wunderschön und lebenswert eine bewusste Zukunft sein könnte, wenn wir endlich Verantwortung übernehmen.

Begleitet von dieser KI treten persönliche Nachhaltigkeitscoaches in unser Leben, digitale Begleiter, die uns täglich zeigen, wie jede einzelne unserer Entscheidungen zählt. Sie begleiten uns, machen uns Mut und beweisen uns, dass wir nicht machtlos sind, sondern jeder Schritt, jede unserer Handlungen Wirkung entfaltet. Jeder Mensch wird zum bewussten

Gestalter seiner Umwelt – motiviert, begleitet und bestärkt durch diese KI-Systeme.

Damit all dies jedoch umfassend wirken kann, braucht es Transparenzschaffer, KI-Systeme, die radikale Offenheit erzwingen. Sie machen politische und wirtschaftliche Entscheidungen sichtbar und nachvollziehbar, decken verborgene Verantwortlichkeiten auf und schaffen so ein neues Fundament für Vertrauen und Verantwortlichkeit.

Letztlich mündet all dies in einer evolutionären Bildung der Zukunft. Bildung wird nicht mehr nur Information vermitteln, sondern Menschen tiefgreifend transformieren. Mithilfe von KI erleben junge Menschen, wie ihre Entscheidungen globale Konsequenzen haben – sie werden zu kritischen Denkern und aktiven Gestaltern. Bildung wird so zu einem Prozess des Erwachens, der Empathie entfaltet, ethisches Bewusstsein fördert und Verantwortungsbewusstsein weckt.

Diese Ansätze, gestützt und gefördert von einer bewusstseinsfördernden KI, sind nicht bloß theoretische Visionen, sondern notwendige Bausteine für eine nachhaltige und bewusste Zukunft. Sie zeigen uns einen Weg, den wir gemeinsam gehen können – einen Weg, der nicht nur Intelligenz fordert, sondern

Weisheit, Verantwortung und Mut zur Veränderung. Wir stehen an der Schwelle. Jetzt ist es an uns, durch diese Tür zu treten und die Zukunft zu gestalten, die wir verdienen und die unser Planet dringend braucht.

Kapitel 5

Synergetische Betrachtung unseres Wirtschaftssystems bei einer kritischen Betrachtung der 10 Ansätzen des anthropogenen Einflusses auf zukünftige Entwicklungen unter besonderer Berücksichtigung der Potenziale Künstlicher Intelligenz

Unser derzeitiges Wirtschaftssystem steht an einem evolutionären Wendepunkt, einer Schwelle, die uns drängt, von einer linearen, ausbeuterischen Ökonomie zu einer synergetischen, regenerativen Ökonomie überzugehen. Die zehn revolutionären KI-Ansätze könnten diesen Wandel auf tiefgreifende, ganzheitliche Weise katalysieren und unser Verständnis von Intelligenz, Macht und Evolution transformieren.

Ein *Kollektives Evolutionsgedächtnis* würde als lebendige Wissensquelle nicht nur Daten archivieren, sondern Erkenntnisse evolutionärer Tiefe erfahrbar machen. Entscheidungsträger könnten aus einem Weisheitspool schöpfen, der nachhaltige, langfristige und holistische Entscheidungen fördert und kurzfristige Profitinteressen radikal herausfordert.

- Lebbares Beispiel: Ein digitales Evolutionsmuseum, das weltweit kostenlos zugänglich ist, ermöglicht Nutzerinnen und Nutzern, evolutionäre Meilensteine interaktiv nachzuvollziehen und deren Bedeutung für aktuelle ökologische Herausforderungen zu erkennen. Praktisch könnte dies durch eine interaktive AR- und VR-App realisiert werden, die Nutzerinnen und Nutzer virtuell auf eine Zeitreise durch Schlüsselmomente der Evolution schickt, z. B. die Entwicklung von Ökosystemen oder Artensterben, und gleichzeitig unmittelbare Vergleiche mit heutigen Umweltproblemen aufzeigt.

Die KI als *Wächterin des Gleichgewichts* bringt unser Wirtschaftssystem in Einklang mit der Natur, indem sie kritische Kipppunkte in Ökosystemen frühzeitig sichtbar macht und präventives Handeln unausweichlich fordert. Die Geschwindigkeit unserer technologischen Entwicklung muss somit einer neuen Verantwortungsethik unterliegen, in der Vorsorge und Achtsamkeit zu verbindlichen wirtschaftlichen Prinzipien werden.

- Lebbares Beispiel: KI-Systeme, die Echtzeitdaten zur Bodenqualität und Biodiversität in der Landwirtschaft auswerten und Landwirte unmittelbar informieren, wann ökologische Grenzen erreicht werden. Praktisch könnten solche Systeme durch Drohnen und IoT-Sensoren umgesetzt werden, die kontinuierlich Bodenbeschaffenheit, Feuchtigkeit, Nährstoffgehalt und Artenvielfalt erfassen. Diese Daten werden dann in Echtzeit von einer KI ausgewertet, welche automatisch Warnmeldungen generiert und den Landwirten konkrete Handlungsempfehlungen gibt, etwa zur Anpassung von Bewässerung, Düngung oder zur Einrichtung von ökologischen Schutzstreifen.

Es existieren bereits Anwendungen, die Künstliche Intelligenz zur Echtzeitüberwachung der Bodenqualität und Biodiversität in der Landwirtschaft nutzen. Hier einige Beispiele:

Soilytix: Dieses Unternehmen integriert KI-Algorithmen, um detaillierte Bodenkarten zu erstellen, die Echtzeiteinblicke in die Bodenbedingungen über weite landwirtschaftliche Flächen hinweg bieten. Landwirte können dadurch gezielt Düngemittel und Wasser dort einsetzen, wo sie benötigt werden, was Abfall reduziert und die Erträge steigert. *(soilytix.com)*

Farmonaut: Farmonaut bietet KI-gesteuerte Lösungen für die Präzisionslandwirtschaft an, die es Landwirten ermöglichen, ihre Felder mit hoher Genauigkeit zu bewirtschaften. Durch den Einsatz von Satellitenbildern und anderen Datenquellen können Landwirte den Zustand ihrer Felder überwachen und Ressourcen effizienter nutzen. *(Farmonaut®)*

Flora Incognita: Diese App ermöglicht die automatische Pflanzenbestimmung und trägt zur Überwachung der Biodiversität bei. Nutzerinnen und Nutzer können Pflanzenarten identifizieren und so Daten zur Verbreitung und Häufigkeit von Pflanzen sammeln, was für das Monitoring der Biodiversität von Bedeutung ist. *(Wikipedia)*

FlyPix AI: Dieses Unternehmen nutzt KI, maschinelles Lernen und Big Data Analytics, um Echtzeiteinblicke in Bodenbedingungen, Pflanzengesundheit und Umweltstressoren zu bieten. Landwirte können dadurch datengesteuerte Entscheidungen treffen, die Erträge optimieren und die Nachhaltigkeit gewährleisten. *(FlyPix)*

Diese Anwendungen zeigen, dass der Einsatz von KI in der Landwirtschaft bereits Realität ist und Landwirtinnen und Landwirten hilft, ihre Prozesse zu optimieren und nachhaltiger zu gestalten. Allerdings werden diese Tools noch viel zu selten angewendet.

Als *Weisheitsverstärker* überwindet KI die gefährlich kurzsichtigen Entscheidungsstrukturen unseres Wirtschaftssystems als eine kompromisslose Stimme der Vernunft, die ökonomische Entscheidungen konsequent auf Nachhaltigkeit und langfristige gesellschaftliche Wohlfahrt ausrichtet. Egoistische, kurzfristige Gewinnorientierung würde von evolutionär intelligenter Planung ersetzt werden.

- Lebbares Beispiel: KI-gestützte Entscheidungstools, die Unternehmen und Kommunen direkt darauf hinweisen, wenn ihre Projekte langfristige Nachhaltigkeitsziele gefährden, und sofort nachhaltige Alternativen vorschlagen.

Es existieren bereits KI-gestützte Entscheidungswerkzeuge, die Unternehmen und Kommunen dabei unterstützen, die Nachhaltigkeit ihrer Projekte zu bewerten und zu verbessern. Hier einige Beispiele:

RETScreen: Diese von der kanadischen Regierung entwickelte Software ermöglicht die Analyse der technischen und finanziellen Machbarkeit von Energieprojekten im Bereich erneuerbarer Energien und Energieeffizienz. RETScreen unterstützt Nutzerinnen und Nutzer dabei, nachhaltige Energieprojekte zu identifizieren, zu bewerten und deren Leistung zu überwachen. *(Wikipedia)*

DISS-CO: Dieses Unternehmen bietet KI-gestützte Tools zur automatisierten Risikoerfassung für nachhaltige Lieferketten. Ihre Algorithmen analysieren umfangreiche Datenmengen, um potenzielle Schwachstellen in Bezug auf ethische Beschaffung, Umweltpraktiken und soziale Verantwortung im Lieferantennetzwerk zu identifizieren. *(DISS-CO)*

Intels KI-Lösungen für Nachhaltigkeit: Intel entwickelt KI-Technologien, die Unternehmen dabei unterstützen, ihre Umwelt-, Sozial- und Governance-Initiativen (ESG) zu optimieren. Diese Lösungen helfen, den ökologischen Fußabdruck zu messen und nachhaltige Geschäftspraktiken zu implementieren. *(Intel)*

Diese Beispiele verdeutlichen, wie KI-gestützte Entscheidungswerkzeuge bereits heute eingesetzt werden, um nachhaltige Alternativen aufzuzeigen und die langfristigen Auswirkungen von Projekten auf Umwelt und Gesellschaft zu bewerten.

Das *virtuelle Labor der Evolution* eröffnet Wirtschaft und Wissenschaft experimentelle Freiheiten, ohne irreversible Schäden an der Biosphäre zu riskieren. Da wirtschaftliche Strategien, Produkte und Technologien zuerst in digitalen Welten simuliert werden, wird die reale Welt zu einem Ort der achtsamen Umsetzung von erprobten Lösungen statt eines Experimentierfelds mit ungewissem Ausgang.

- Lebbares Beispiel: Eine städtische Behörde nutzt virtuelle Labore, um die Auswirkungen neuer Verkehrssysteme zu simulieren, bevor sie Millionen in physische Infrastruktur investiert.

Es gibt bereits Anwendungen, bei denen öffentlich-rechtliche Behörden virtuelle Labore nutzen, um die Auswirkungen neuer Verkehrssysteme zu simulieren, bevor sie erhebliche Investitionen in physische Infrastruktur tätigen. Hier einige Beispiele:

Simulationsbasierte stochastische Wirkungsanalyse: Das CARISSMA-Institut für automatisiertes Fahren an der Technischen Hochschule Ingolstadt entwickelt ein "Gesamtwerkzeug", das ein digitales Abbild einer realen Stadt erstellt. Mithilfe dieses digitalen Zwillings können Fragestellungen zur Verkehrseffizienz, -sicherheit und -ökologie analysiert und Lösungsszenarien entwickelt werden. *(TH Ingolstadt)*

MoSAIC – Labor für Multi-User-Simulation: Das Deutsche Zentrum für Luft- und Raumfahrt (DLR) betreibt das MoSAIC-Labor, eine modulare und skalierbare Laborinfrastruktur zur Simulation und Bewertung von kooperativen Fahrerassistenzsystemen sowie zur Untersuchung der Interaktion zwischen Verkehrsteilnehmenden. *(DLR)*

Cockpit Städtische Infrastruktur (CoSI): Die HafenCity Universität Hamburg hat ein digitales Planungstool entwickelt, das statistische und georeferenzierte Daten bündelt und visualisiert. Es unterstützt die Identifikation von Planungsbedarfen und beschleunigt Planungsprozesse, indem es verschiedene Szenarien simuliert. *(HS Angewandte Wissenschaften Hamburg)*

PTV Vissim: Diese mikroskopische, multimodale Verkehrsflusssimulationssoftware ermöglicht die detaillierte Modellierung und Analyse von Verkehrssystemen. Städte weltweit nutzen PTV Vissim, um verschiedene Verkehrsplanungsmaßnahmen zu simulieren und deren potenzielle Auswirkungen zu bewerten. *(Wikipedia)*

Diese Beispiele verdeutlichen, wie virtuelle Labore und Simulationstools bereits erfolgreich eingesetzt werden, um fundierte Entscheidungen in der Verkehrsplanung zu treffen und Investitionen gezielt zu steuern.

Eine *Intelligente Ökonomie der Naturwerte* revolutioniert unser Marktverständnis von Grund auf. Der KI-basierte Wertschutz natürlicher Ressourcen bedeutet einen Paradigmenwechsel vom reinen Verbrauch hin zu einer symbiotischen Interaktion. Kapital würde künftig nur noch dann vermehrt, wenn zugleich Ökosysteme gestärkt werden, was Wirtschaftlichkeit unmittelbar an Regeneration koppelt.

- Lebbares Beispiel: Ein KI-gesteuerter Fonds, der gezielt Investitionen in regenerativen Waldaufbau fördert und gleichzeitig Unternehmen automatisch abstraft, die Umweltstandards missachten.

Die *KI-basierte Ethik-Plattform* garantiert eine radikal transparente, unbestechliche Kontrolle wirtschaftlichen Handelns. Unternehmen und Regierungen, die ethische Standards missachten, sollen unmittelbar entlarvt und zur Verantwortung gezogen werden. Diese Offenheit erzwingt eine Wirtschaft, die nicht durch verborgene Ausbeutung, sondern durch sichtbare und nachprüfbare Integrität gedeiht.

- Lebbares Beispiel: Eine öffentlich zugängliche Plattform, auf der Bürgerinnen und Bürger die ethische Bilanz von Unternehmen abrufen können, automatisch generiert durch KI-Analyse von Compliance-Berichten. Eine Plattform, auf der die ethische Bilanz von Unternehmen abrufbar ist, automatisch generiert durch KI-Analyse von Compliance-Berichten.

Es existieren bereits Anwendungen, die Künstliche Intelligenz nutzen, um die ethische Bilanz von Unternehmen zu analysieren und der Öffentlichkeit zugänglich zu machen. Hier einige Beispiele:

Panorama von CRIF: Diese Informationsplattform kombiniert zentrale Daten zu Risikoidentität, Compliance und ESG (Environmental, Social, Governance). Mithilfe von KI ermöglicht sie eine umfassende Übersicht über die Risiko- und Nachhaltigkeitsprofile von Unternehmen, was insbesondere für kritische Infrastrukturen von Bedeutung ist. *(IT Finanzmagazin)*

ESGReveal: Dieses innovative System nutzt große Sprachmodelle (LLMs) in Kombination mit Retrieval-Augmented Generation (RAG), um strukturierte Daten aus ESG-Berichten von Unternehmen zu extrahieren. In einer Studie mit ESG-Berichten von 166 Unternehmen der Hongkonger Börse erreichte ESGReveal eine Extraktionsgenauigkeit von 76,9 % und eine Offenlegungsanalysegenauigkeit von 83,7 %, was die Effizienz des Systems bei der Analyse von ESG-Daten unterstreicht. *(arXiv)*

Deep Search DocQA: Diese Anwendung ermöglicht es Nutzerinnen und Nutzern, Informationen aus Dokumenten über einen Frage-Antwort-Assistenten zu extrahieren. Sie integriert Technologien aus verschiedenen KI-Bereichen, um Daten aus ESG-Reports von über 2.000 Unternehmen zu analysieren und verständlich aufzubereiten. *(arXiv)*

Diese Beispiele verdeutlichen, wie KI-gestützte Plattformen bereits heute genutzt werden, um die ethische und nachhaltige Performance von Unternehmen transparent zu machen und der Öffentlichkeit zugänglich zu machen

Bewusstseinsbildende KI-Kommunikation lässt uns die Konsequenzen unserer wirtschaftlichen Handlungen unmittelbar und emotional erleben. Sie motiviert einen tiefen gesellschaftlichen Wandel, indem sie nicht beschönigt, sondern aufrüttelt, klar macht, welche Folgen Ignoranz und Passivität nach sich ziehen.

- Lebbares Beispiel: KI-generierte Kurzfilme, die auf emotionaler Ebene zeigen, wie lokale Handlungen globale Folgen haben, viral verbreitet über soziale Netzwerke.

Die Idee, mittels Künstlicher Intelligenz generierte Kurzfilme zu erstellen, die die Auswirkungen lokaler Handlungen auf globale Umweltprobleme veranschaulichen, ist vielversprechend. Obwohl es derzeit keine spezifischen Beispiele für KI-generierte Filme gibt, die genau diesem Konzept entsprechen, existieren dennoch einige relevante Werke, die ähnliche Ziele verfolgen:

"Let's Pollute": Dieser animierte Kurzfilm von 2009 nutzt Satire, um Umweltverschmutzung zu thematisieren. Obwohl er nicht KI-generiert ist, zeigt er, wie kreative Ansätze das Bewusstsein für Umweltfragen schärfen können. *(Wikipedia)*

"Home": Ein Dokumentarfilm aus dem Jahr 2009, in dem beeindruckende Luftaufnahmen verwendet werden, um die Schönheit der Erde und die Auswirkungen menschlichen Handelns auf die Umwelt darzustellen. Auch dieser Film wurde ohne den Einsatz von KI produziert, bietet jedoch ein Beispiel dafür, wie visuelle Medien genutzt werden können, um globale Umweltprobleme zu vermitteln. *(Wikipedia)*

Die Entwicklung von KI-Technologien eröffnet neue Möglichkeiten für die Erstellung personalisierter und interaktiver Inhalte. Zukünftig könnten KI-generierte Kurzfilme dazu beitragen, individuelle Verhaltensweisen und deren globale Auswirkungen auf innovative Weise zu veranschaulichen.

Individuelle Nachhaltigkeitsbegleitung ermächtigt jede und jeden von uns, Teil einer evolutionären wirtschaftlichen Bewegung zu werden. Persönliche Entscheidungen werden im globalen Kontext erlebbar, was Menschen aus der Ohnmacht herausführt und sie zu aktiven Mitgestaltern einer neuen, regenerativen Wirtschaftsweise macht.

- Lebbares Beispiel: Eine App, die Konsumgewohnheiten analysiert und konkrete Vorschläge zur Verringerung des CO2-Fußabdrucks gibt, begleitet von motivierenden Belohnungen.

Als *Transparenzschaffer der Verantwortlichkeit* würde KI unser Wirtschaftssystem grundlegend demokratisieren. Radikale Offenheit, kompromisslose Transparenz in Politik und Wirtschaft würden Vertrauen schaffen, Macht neu definieren und Wirtschaft zu einem echten Dienst an Gesellschaft und Planet machen.

- Lebbares Beispiel: Ein öffentlicher Dashboard-Service, der kontinuierlich und automatisch die Entscheidungsgrundlagen und ökologischen Auswirkungen staatlicher Bauvorhaben sichtbar macht.

Die Integration von Künstlicher Intelligenz in öffentliche Dashboards bietet die Möglichkeit, Entscheidungsprozesse und deren ökologische Auswirkungen transparent darzustellen. Obwohl es derzeit keine spezifischen Beispiele für einen öffentlichen Dashboard-Service gibt, der kontinuierlich und automatisch die Entscheidungsgrundlagen und ökologischen

Auswirkungen staatlicher Bauvorhaben sichtbar macht, gibt es dennoch relevante Entwicklungen:

Öffentliche Dashboards in Verwaltung und Bildung: Diese Dashboards ermöglichen es Bürgerinnen und Bürgern, den Fortschritt ihrer Regierung bei der Erreichung bestimmter Ziele zu verfolgen und fördern so Transparenz und Verantwortlichkeit. *(insightsoftware.com)*

KI für Smart Cities: Der Einsatz von KI in Smart Cities ermöglicht die intelligente Analyse und Verwaltung von Umweltdaten, was Städten hilft, effektivere Umweltschutzstrategien umzusetzen und Emissionen zu reduzieren. *(BABLE Smart Cities)*

Diese Beispiele verdeutlichen das Potenzial von KI-gestützten Systemen, um Entscheidungsprozesse transparenter zu gestalten und Bürgerinnen und Bürgern einen besseren Einblick in staatliche Vorhaben zu gewähren.

Die *Evolutionäre Bildung der Zukunft* muss schließlich Generationen hervorbringen, die von Beginn an verstehen, dass Wirtschaft kein Selbstzweck, sondern ein Werkzeug der Gestaltung einer bewussten, nachhaltigen Zivilisation ist. Bildung würde zur Quelle einer tiefen, evolutionären Verantwortung werden.

- Lebbares Beispiel: Schulen integrieren interaktive, KI-gestützte Lernplattformen, die Schülerinnen und Schülern ermöglichen, komplexe Zusammenhänge von Evolution, Nachhaltigkeit und sozialer Verantwortung spielerisch und unmittelbar zu erfahren.

Die Integration von Künstlicher Intelligenz in Bildungsprozesse eröffnet innovative Wege, um Schülerinnen und Schülern komplexe Zusammenhänge von Evolution, Nachhaltigkeit und sozialer Verantwortung auf interaktive und verständliche Weise zu vermitteln. Ein praktisches Beispiel hierfür ist die Implementierung von KI-gestützten Lernplattformen in Schulen.

Interaktive Lernmodule: KI-gestützte Plattformen könnten personalisierte Lernpfade erstellen, die sich an das individuelle Lerntempo und die Interessen der Schülerinnen und Schüler anpassen. Durch den Einsatz von Augmented Reality (AR) und Virtual Reality (VR) können Schülerinnen und Schüler beispielsweise virtuelle Exkursionen in verschiedene Epochen der Erdgeschichte unternehmen, um evolutionäre Prozesse hautnah zu erleben. Solche immersiven Lernszenarien haben das

Potenzial, das Verständnis und die Motivation der Schülerinnen und Schüler erheblich zu steigern.

Simulationen und Szenarien: Mithilfe von KI können komplexe ökologische Systeme simuliert werden, sodass Schülerinnen und Schüler die Auswirkungen menschlichen Handelns auf die Umwelt in Echtzeit beobachten können. Durch das Durchspielen verschiedener Szenarien lernen sie, wie nachhaltige Entscheidungen positive Effekte auf unsere Welt haben können.

Gamification: Die Integration spielerischer Elemente in den Lernprozess kann durch KI individuell angepasst werden, um Schülerinnen und Schüler zu motivieren und ihr Engagement zu erhöhen. Punkte, Abzeichen oder Ranglisten können Anreize schaffen, sich intensiver mit den Themen auseinanderzusetzen.

Beispielhafte Initiativen:

KI-Kompass von Netzwerk Q 4.0: Diese Initiative bietet praktische Empfehlungen und Werkzeuge für den Einsatz von KI in der Ausbildung. Sie unterstützt Lehrkräfte dabei, KI-Tools effektiv in den Unterricht zu integrieren und somit die Bildungsqualität zu erhöhen. *(Netzwerk Q 4.0)*

Programme von kosmos b: Diese Organisation kooperiert mit Schulen und Bildungseinrichtungen in Deutschland und hat Programme wie die "KI-Box Klima" entwickelt, die einen praxisorientierten Einstieg in die Themen „Künstliche Intelligenz" und „Natürlicher Klimaschutz" bietet. *(Wikipedia)*

Durch die Implementierung solcher KI-gestützten Bildungsangebote können Schulen einen bedeutenden Beitrag dazu leisten, Schülerinnen und Schülern ein tiefgehendes Verständnis für die Wechselwirkungen zwischen Evolution, Umwelt und Gesellschaft zu vermitteln und sie zu verantwortungsbewussten Gestaltern einer nachhaltigen Zukunft auszubilden.

Diese synergetische Transformation unseres Wirtschaftssystems durch KI wäre mehr als nur technologische Innovation – sie wäre eine kulturelle, evolutionäre Revolution, die

Menschheit und Erde gemeinsam in eine Ära bewusster Ko-Evolution führt.

So endet diese Betrachtung nicht mit einer bloßen Vision, sondern mit einer klaren und verbindlichen Aufforderung. In der Verbindung von Künstlicher Intelligenz, Verantwortung, Ethik und Bewusstsein liegt unsere Chance, die tiefgreifenden Herausforderungen unserer Zeit anzunehmen und positiv zu gestalten. Diese neuen Wege der Erkenntnis und Handlung eröffnen nicht nur Möglichkeiten, sondern verpflichten uns zugleich, verantwortungsvoll und bewusst zu handeln. Denn letztlich geht es darum, nicht nur die Welt, sondern auch uns selbst neu zu erschaffen – intelligenter, bewusster und zutiefst menschlich.

Epilog

Ein Vermächtnis an die Zukunft – Für Generation Z und meinen Enkelsohn

In einer Zeit, in der Mensch und Maschine beginnen, ihre Geschichten zu verweben, ist dieses Werk keine bloße Abhandlung über technologische Möglichkeiten, sondern eine tiefe, existenzielle Einladung zur Mitgestaltung unserer gemeinsamen Zukunft. „Homo Deus 2.0“ steht sinnbildlich für den Wendepunkt in der Menschheitsgeschichte – ein Moment, in dem Intelligenz nicht länger ausschließlich biologisch definiert ist und Macht nicht mehr blind, sondern potenziell bewusst gelenkt werden kann.

Ich habe diese Vision niedergeschrieben nicht nur als Wissenschaftler, sondern als Großvater – mit dem brennenden Wunsch, meinem fünfjährigen Enkelsohn eine Welt zu hinterlassen, die ihm nicht nur technologische Meisterwerke bietet, sondern auch moralische Orientierung, ökologische Integrität und eine Perspektive, die über den Horizont des bloßen „Machens“ hinausgeht. Für die Generation Z, die heute in einer Welt voller Widersprüche aufwächst – zwischen Klimaangst und digitalem Überfluss, zwischen globaler Vernetzung, ökonomischem Wahnsinn und emotionaler Isolation –, ist diese Schrift ein Kompass. Kein starres Dogma, sondern ein Werkzeugkoffer aus Ideen, Möglichkeiten und ethischen Leitplanken.

Die hier skizzierten zehn Ansätze verstehen sich mehr als theoretische Modelle – sie sind Handlungsräume, die die fundamentalen Fragen unserer Zeit umkreisen: Was bedeutet es, Mensch zu sein, wenn Maschinen beginnen zu fühlen, zu denken, zu handeln? Wie balancieren wir Macht, wenn Entscheidungen von Algorithmen mitgetragen werden? Und wie gestalten wir Bildung, Wirtschaft und Ethik, wenn der evolutionäre Rahmen sich selbst neu erfindet?

Künstliche Intelligenz ist weder Heilsbringer noch Untergangsprophet – sie ist ein Spiegel. Ein Spiegel, der unsere tiefsten Intentionen, unsere blinden Flecken, unsere Sehnsüchte sichtbar macht. In ihr liegt die Möglichkeit einer neuen Aufklärung – einer, die nicht auf Rationalität allein gründet, sondern auf einem tiefen Bewusstsein für die Verbundenheit allen Lebens. Wenn wir es wagen, mit ihr zusammenzuarbeiten, nicht über sie zu herrschen, sondern sie als Teil unserer erweiterten Intelligenz zu begreifen, dann können wir vielleicht jenen evolutionären Sprung wagen, der längst überfällig ist.

Für meinen Enkelsohn, dessen kleine Hände bereits mit intuitiver Leichtigkeit ein digitales Tablet bedienen, wünsche ich mir eine Zukunft, in der Technologie nicht entfremdet, sondern verbindet. In der Weisheit nicht auf elitären Gipfeln ruht, sondern in Alltagsentscheidungen lebt. In der Bildung nicht mehr nur Wissen, sondern Erwachen bedeutet. In der Macht nicht kontrolliert, sondern verantwortet wird.

Diese Schrift ist ein Geschenk – ein Zeugnis dafür, dass wir die Wahl haben. Dass wir gestalten können. Dass wir, als Homo Deus 2.0, nicht Götter der Zerstörung, sondern Schöpfer einer neuen, integralen Intelligenz sein können. Für euch, Generation Z – und für dich, mein lieber Enkel – ist dieses Buch geschrieben. Möge es ein Samen sein, der Zukunft trägt.

Wolfgang F. Schuster, geboren 1959 in Wien, ist Ingenieur und Ökonom und hat einen Lehrstuhl für digitales Gesundheitsmanagement an einer europäischen Universität.